Pesquisas em Ensino de Química:

Abordagens, Reflexões e Práticas

Conselho Editorial da LF Editorial

Amílcar Pinto Martins - Universidade Aberta de Portugal

Arthur Belford Powell - Rutgers University, Newark, USA

Carlos Aldemir Farias da Silva - Universidade Federal do Pará

Emmánuel Lizcano Fernandes - UNED, Madri

Iran Abreu Mendes - Universidade Federal do Pará

José D'Assunção Barros - Universidade Federal Rural do Rio de Janeiro

Luis Radford - Universidade Laurentienne, Canadá

Manoel de Campos Almeida - Pontifícia Universidade Católica do Paraná

Maria Aparecida Viggiani Bicudo - Universidade Estadual Paulista - UNESP/Rio Claro

Maria da Conceição Xavier de Almeida - Universidade Federal do Rio Grande do Norte

Maria do Socorro de Sousa - Universidade Federal do Ceará

Maria Luisa Oliveras - Universidade de Granada, Espanha

Maria Marly de Oliveira - Universidade Federal Rural de Pernambuco

Raquel Gonçalves-Maia - Universidade de Lisboa

Teresa Vergani - Universidade Aberta de Portugal

Ana Karine Portela Vasconcelos
Blanchard Silva Passos
Edson José Wartha

Organizadores

Pesquisas em Ensino de Química:

Abordagens, Reflexões e Práticas

2024

Copyright © 2024 os organizadores
1ª Edição

Direção editorial: Victor Pereira Marinho e José Roberto Marinho

Capa: Fabrício Ribeiro
Projeto gráfico e diagramação: Fabrício Ribeiro

Edição revisada segundo o Novo Acordo Ortográfico da Língua Portuguesa

Dados Internacionais de Catalogação na publicação (CIP)
(Câmara Brasileira do Livro, SP, Brasil)

Pesquisas em ensino de química: abordagens, reflexões e práticas / organizadores Ana Karine Portela Vasconcelos, Blanchard Silva Passos, Edson José Wartha. – São Paulo: LF Editorial, 2024.

Vários autores.
Bibliografia.
ISBN 978-65-5563-427-3

1. Práticas educacionais 2. Professores - Formação profissional 4. Química - Estudo e ensino I. Vasconcelos, Ana Karine Portela. II. Passos, Blanchard Silva. III. Wartha, Edson José.

24-194036   CDD-540.7

Índices para catálogo sistemático:
1. Química: Estudo e ensino 540.7

Tábata Alves da Silva - Bibliotecária - CRB-8/9253

Todos os direitos reservados. Nenhuma parte desta obra poderá ser reproduzida sejam quais forem os meios empregados sem a permissão da Editora.
Aos infratores aplicam-se as sanções previstas nos artigos 102, 104, 106 e 107 da Lei Nº 9.610, de 19 de fevereiro de 1998

LF Editorial
www.livrariadafisica.com.br
www.lfeditorial.com.br
(11) 2648-6666 | Loja do Instituto de Física da USP
(11) 3936-3413 | Editora

PREFÁCIO

O docente como produtor de conhecimento e se retroalimentando deste. Esse é o sentimento que nos envolve na obra Ensino de Química, um dos e-books da coleção organizada pelo Programa de Pós-gradução em Ensino da Rede Nordeste de Ensino – RENOEN.

A obra nos brinda com nove capítulos cheios de diversidade, assim como são nossas salas de aula por aí. Os capítulos nos trazem desde questões que envolvem currículo, metodológicas e práticas docente, a reflexão sempre necessária sobre a formação do professor.

Os capítulos 1, 2 e 4 nos trazem abordagens voltadas à construção curricular e a formação de professores de Química, e nos mostra como isso se reflete no processo de ensino e aprendizagem. O capítulo 5 traz a reflexão sobre as adaptações curriculares para estudantes com deficiência, focando nas adaptações necessárias ao ensino de química para estudantes com deficiência visual.

Em uma série de capítulos que abordam metodologias para o ensino de química, temos o capítulo 3, que nos traz a perspectiva dos jogos como atividade lúdica capaz de aproximar os estudantes do universo da química. O capítulo 6 apresenta a Aprendizagem Baseada em Problemas como metodologia para o ensino de química. O capítulo 7 aborda os obstáculos epistemológicos para o ensino do Modelo Atômico de Thomson, usando narração multimodal. O capítulo 8 mostra como as aulas práticas de análise de água, podem contribuir para o ensino-aprendizagem. E por fim, o capítulo 9 traz o uso de metodologias ativas para o Ensino de Química.

É uma obra cheia de pesquisa viva, que atende a diversidade de perguntas realizadas todos os dias por professores formados ou em formação: quais as metodologias podemos empregar para melhorar o ensino e a aprendizagem na sala de aula? Como podemos adaptar e melhorar nossos currículos? Como podemos atender e promover a inclusão na sala de aula? A obra não é definitiva, como não deve ser nada em sala de aula, mas certamente nos ajudará a construir um caminho mais sólido e pavimentado pela pesquisa e pelo conhecimento associado, construído e partilhado.

Joelia Marques de Carvalho
Pró-Reitora de Pesquisa, Pós-graduação e Inovação do IFCE
Coordenadora do Fórum de Pró-Reitores de Pesquisa, Pós-graduação e Inovação da
Rede Federal de Educação Profissional e Tecnológica – FORPOG

SUMÁRIO

Apresentação 9
Joélia Marques de Carvalho

1. Conhecimentos prévios e mudança conceitual no Ensino de Química: algumas considerações 11
Blanchard Silva Passos
Ana Karine Portela Vasconcelos

2. Enfoque CTS no Ensino de Química: reflexões e contribuições na formação docente 27
Karine Arnaud Nobre
Caroline de Goes Sampaio

3. Quivelha: uso de um jogo didático no Ensino de Química na temática Tabela Periódica e Ligações Interatômicas 43
Felipe Alves Silveira
Albino Oliveira Nunes

4. A formação de professores de Química sob a ótica da prática como componente curricular no IFCE – *campus* Maracanaú 59
Álamo Lourenço de Souza
João Guilherme Nunes Pereira
Caroline de Goes Sampaio

5. Atendimento educacional especializado a alunos com deficiência visual: contribuições para o Ensino de Química 71
Lidivânia Silva Freitas Mesquita
Gerson de Souza Mól

6. A aprendizagem baseada em problemas no Ensino de Química 85
Alexandre Fábio e Silva de Araújo
Caroline de Goes Sampaio

7. Os obstáculos epistemológicos presentes no ensino do Modelo Atômico de Thomson: uma análise crítica utilizando uma narração multimodal 103
Virna Pereira de Araújo
Eduardo da Silva Firmino
Ana Karine Portela Vasconcelos

8. Análises físico-químicas de água: uma alternativa para aliar a teoria e a prática em um curso técnico 119

Joyce de Sousa Filgueiras
Ana Karine Portela Vasconcelos

9. Utilização de Metodologias Ativas no Ensino de Química: um estado da questão 131

Francisca Rayssa Freitas Ferreira
Blanchard Silva Passos
Ana Karine Portela Vasconcelos

Posfácio 145

Joelia Marques de Carvalho

Os autores..147

APRESENTAÇÃO

O docente como produtor de conhecimento e se retroalimentando deste. Esse é o sentimento que nos envolve na obra Ensino de Química, um dos e-books da coleção organizada pelo Programa de Pós-graduação em Ensino da Rede Nordeste de Ensino – RENOEN.

A obra nos brinda com nove capítulos cheios de diversidade, assim como são nossas salas de aula por aí. Os capítulos nos trazem desde questões que envolvem currículo, metodológicas e práticas docente, a reflexão sempre necessária sobre a formação do professor.

Os capítulos 1, 2 e 4 nos trazem abordagens voltadas à construção curricular e a formação de professores de Química, e nos mostra como isso se reflete no processo de ensino e aprendizagem. O capítulo 5 traz a reflexão sobre as adaptações curriculares para estudantes com deficiência, focando nas adaptações necessárias ao ensino de química para estudantes com deficiência visual.

Em uma série de capítulos que abordam metodologias para o ensino de química, temos o capítulo 3, que nos traz a perspectiva dos jogos como atividade lúdica capaz de aproximar os estudantes do universo da química. O capítulo 6 apresenta a Aprendizagem Baseada em Problemas como metodologia para o ensino de química. O capítulo 7 aborda os obstáculos epistemológicos para o ensino do Modelo Atômico de Thomson, usando narração multimodal. O capítulo 8 mostra como as aulas práticas de análise de água, podem contribuir para o ensino-aprendizagem. E por fim, o capítulo 9 traz o uso de metodologias ativas para o Ensino de Química.

É uma obra cheia de pesquisa viva, que atende a diversidade de perguntas realizadas todos os dias por professores formados ou em formação: quais as metodologias podemos empregar para melhorar o ensino e a aprendizagem na sala de aula? Como podemos adaptar e melhorar nossos currículos? Como podemos atender e promover a inclusão na sala de aula? A obra não é definitiva, como não deve ser nada em sala de aula, mas certamente nos ajudará a construir um caminho mais sólido e pavimentado pela pesquisa e pelo conhecimento associado, construído e partilhado.

Joelia Marques de Carvalho
Pró-Reitora de Pesquisa, Pós-graduação e Inovação do IFCE
Coordenadora do Fórum de Pró-Reitores de Pesquisa, Pós-graduação e Inovação da
Rede Federal de Educação Profissional e Tecnológica – FORPOG

CAPÍTULO 1

CONHECIMENTOS PRÉVIOS E MUDANÇA CONCEITUAL NO ENSINO DE QUÍMICA: ALGUMAS CONSIDERAÇÕES

Blanchard Silva Passos
Ana Karine Portela Vasconcelos

Resumo

O presente estudo aborda a importância dos conhecimentos prévios e a mudança conceitual no processo de ensino e aprendizagem de Química, reconhecendo a relevância desses conhecimentos para torná-lo mais significativo. Destaca-se a importância da mudança conceitual para superar os obstáculos epistemológicos e permitir que os estudantes desenvolvam conhecimentos mais profundos. Para isso, se faz uma analise das condições propostas por Posner, Strike, Hewson e Gertzog (1982) para promover a mudança conceitual de forma gradual e eficaz através de uma sequência de estágios. Esse modelo de mudança conceitual, chamada de acomodações, pode envolver mudanças nas suposições fundamentais de uma pessoa acerca do mundo, do conhecimento e do saber, e que tais mudanças podem ser difíceis, particularmente quando o indivíduo está firmemente comprometido com as suposições prévias. Essa abordagem tem como objetivo facilitar a compreensão sobre a construção de novos conhecimentos, na perspectiva de tornar o processo de aprendizagem mais efetivo e significativo para os estudantes.

Palavras-chave: Ensino de Química. Conhecimentos prévios. Mudança conceitual. Obstáculos epistemológicos.

INTRODUÇÃO

Segundo Ausubel (2003), os conhecimentos prévios dos estudantes são considerados uma importante ferramenta no processo de ensino-aprendizagem, haja vista que eles podem ajudar a construir novos conhecimentos e identificar lacunas no conhecimento. Nessa perspectiva, Ausubel, Novak e Hanesian fazem a seguinte consideração:

> "Se eu tivesse de reduzir toda a psicologia educacional a um único princípio, diria isto: o fator singular mais importante que influencia a aprendizagem é aquilo que o aprendiz já conhece. Descubra o que ele sabe e baseie nisso os seus ensinamentos." (AUSUBEL; NOVAK; HANESIAN, 1980, p.137)

Para esses autores, o processo de ensino é mais eficaz quando está ancorado nas estruturas cognitivas existentes no indivíduo, estabelecendo uma conexão entre o novo conteúdo e os conhecimentos prévios, ou seja, para que ocorra uma aprendizagem significativa, é essencial que os conceitos apresentados ao estudante tenham relevância e conexão com o conhecimento prévio existente na estrutura cognitiva desse indivíduo.

Ferro e Paixão (2017) argumentam que a construção do conhecimento deve ser vista como um processo contínuo, no qual os estudantes são encorajados a refletir sobre suas próprias concepções e a buscar novas informações e interpretações para aprimorar sua compreensão. Os conhecimentos prévios desempenham um papel importante ao facilitar a compreensão e o processamento de informações novas, possibilitando a identificação de padrões, conexões e relações entre o conhecimento prévio e o novo, resultando em um processo de aprendizado mais eficiente e eficaz.

Porém, Moreira (2011) ressalta que apesar da importância do conhecimento prévio para uma aprendizagem significativa, sua presença nem sempre resulta em benefícios, podendo, em algumas circunstâncias, representar um obstáculo epistemológico e dificultar o processo de aprendizagem.

Os obstáculos epistemológicos, por sua vez, representam um grande desafio para o ensino de Química, podendo ser decorrentes de concepções prévias errôneas, de conceitos mal compreendidos ou mesmo da falta de motivação dos estudantes. Esses obstáculos podem dificultar a compreensão de conceitos importantes, e muitas vezes, a simples explicação dos professores não é suficiente para superá-los. (MEDEIROS; RODRIGUEZ; SILVEIRA, 2016)

Além disso, os obstáculos epistemológicos devem ser tratados de forma cuidadosa, para que os estudantes não se sintam desestimulados e desmotivados a aprender Química. É preciso encontrar estratégias que ajudem os estudantes a superar essas barreiras cognitivas, sem desvalorizar os conhecimentos prévios e a experiência que eles trazem para o processo de ensino-aprendizagem.

Nesse ponto é importante salientar que a identificação de lacunas no conhecimento também é importante para o Ensino de Química, uma vez que muitos estudantes chegam, por exemplo, ao ensino superior com lacunas em conceitos básicos de química, o que dificulta a compreensão de conceitos mais complexos (ALVES; SANGIOGO; PASTORIZA, 2021)

De acordo com Pivatto (2014), em vez de serem classificados como corretos ou incorretos, independentemente de sua fonte, os conhecimentos prévios devem ser encarados pelo professor como o ponto de partida para promover a mudança conceitual nos alunos, visando incentivar um pensamento que vá além do senso comum e que esteja alinhado às características da ciência.

Nesse sentido, o reconhecimento dos conhecimentos prévios como algo importante para o processo de aprendizagem, a contextualização do ensino, a identificação de lacunas no conhecimento e a mudança gradual desses conhecimentos são estratégias fundamentais para superar os obstáculos epistemológicos no Ensino de Química. É importante que os professores estejam atentos a esses aspectos e utilizem metodologias que levem em conta essas considerações para que o processo de ensino-aprendizagem seja mais efetivo.

REFERÊNCIAL TEÓRICO

Conhecimentos Prévios e a construção de novos conhecimentos

Os Conhecimentos Prévios (CP) facilitam a compreensão e o processamento de novas informações, ajudam a identificar padrões, a fazer relações e a estabelecer conexões entre o que já se sabe e o que está sendo aprendido, tornando o processo de aprendizado mais eficiente e eficaz. Nessa perspectiva, Ferro e Paixão (2017) defendem que a construção do conhecimento deve ser um processo contínuo, no qual o estudante é incentivado a refletir sobre suas próprias concepções e a buscar novas informações e interpretações para aprimorar seu entendimento.

Ao conhecimento prévio relevante presente na estrutura cognitiva dá-se o nome de subsunçor e, sua existência é uma das três condições para a ocorrência da aprendizagem significativa. Segundo Moreira (2011):

> O conhecimento prévio é, na visão de Ausubel, a variável isolada mais importante para a aprendizagem significativa de novos conhecimentos. Isto é, se fosse possível isolar uma única variável como sendo a que mais influencia novas aprendizagens, esta variável seria o conhecimento prévio, os subsunçores já existentes na estrutura cognitiva do sujeito que aprende (MOREIRA, 2011, p. 23).

Conforme Ausubel (2003) o CP ou subsunçor ou ideia âncora, pode ser definido como conhecimento específico e relevante que o estudante apresenta em sua estrutura cognitiva, cuja função é possibilitar novos significados aos conhecimentos que estão sendo apresentados ou descobertos por esses sujeitos. Neste sentido, Moreira (2011) enfatiza a importância dos CP no processo de ensino e aprendizagem e argumenta que é inaceitável à ideia de um ensino que desconsidere o conhecimento prévio dos estudantes como ponto crucial a novas aprendizagens.

Segundo Johnstone (2000), historicamente, o ensino de Química foi baseado em uma abordagem lógica, em que o conteúdo é apresentado de forma estruturada e sequencial, sem levar em consideração as dificuldades e CP dos estudantes. No entanto, para o autor, a aprendizagem de Química é um processo que envolve a construção de representações mentais baseadas em conhecimentos pré-existentes e para isso é necessário considerar os processos cognitivos dos estudantes, incluindo suas percepções e suas limitações.

Freitas Filho e Celestino (2010), investigaram o CP de estudantes sobre a construção do conceito de reação Química e concluíram que os estudantes trazem consigo uma série de CP que podem auxiliar na sua compreensão dos conceitos científicos, e que esses CP são construídos a partir das interações sociais que os estudantes estabelecem com o mundo ao seu redor. Os autores reforçam importância de um levantamento desses CP dos estudantes sobre o assunto a ser ministrado, com o objetivo de perceber os conflitos ou concepções alternativas existentes.

Neste sentido, Silva e Wartha (2018) salientam que a abordagem em sala de aula deve estar apoiada em recursos didáticos que consideram uma análise dos CP dos estudantes, das possíveis concepções alternativas que eles apresentam e a atividade experimental, por exemplo, fortalece esses conhecimentos já existentes e talvez até os faça surgir, podendo ainda oferecer recursos que venham reforçar a assimilação dos conceitos científicos que motivaram a elaboração da atividade.

Nessa perspectiva, se mostra importante considerar os CP dos estudantes no ensino de Química, haja vista que, ao ingressar no ensino médio, os estudantes já possuem uma bagagem de conhecimentos, que muitas vezes são baseados em experiências cotidianas, e que podem influenciar sua compreensão de conceitos químicos. Torna-se então necessário que os professores busquem identificar esses conhecimentos existentes na estrutura cognitiva desses sujeitos para a construção de novos conhecimentos.

Moreira (2011) destaca que esses conhecimentos podem ser utilizados como ponto de partida para a construção de novos conhecimentos. Segundo o autor, para que ocorra uma aprendizagem significativa, se torna necessário considerar a experiência de vida do aluno, ou seja, aquilo que esse educando já possui e a partir desse conhecimento de mundo proporcionar uma aprendizagem mais significativa para o sujeito.

Para Pozo (2000, p.38), "[...] é necessário que o aluno possa relacionar o material de aprendizagem com a estrutura de conhecimentos de que já dispõe". Desse modo, para que o estudante obtenha novos conhecimentos é preciso fazer relações com seus CP, ou seja, relacionar o novo conteúdo com os conteúdos que esse sujeito já possui em sua estrutura cognitiva.

Ainda segundo Pozo (2000) uma das formas de auxiliar os estudantes na reformulação dos CP é fundamentar a exposição do conhecimento escolar consoante ao contexto do estudante, de modo que o saber científico se mostre como um saber útil. Nesse sentido, Silva (2007) ressalta que:

> [...] a contextualização se apresenta como um modo de ensinar conceitos das ciências ligados à vivência dos alunos, seja ela pensada como recurso pedagógico ou como princípio norteador do processo

de ensino. A contextualização como princípio norteador caracteriza-se pelas relações estabelecidas entre o que o aluno sabe sobre o contexto a ser estudado e os conteúdos específicos que servem de explicações e entendimento desse contexto [...] (SILVA, 2007, p. 10).

Nesse sentido, para que a aprendizagem seja significativa, se faz necessário utilizar estratégias para relacionar os conteúdos trabalhados em sala de aula com a realidade dos estudantes, buscando promover a compreensão dos conceitos por meio da reflexão crítica do cotidiano na busca do novo conhecimento. Além disso, as Diretrizes Curriculares Nacionais (DCN) ressaltam que a escola deve considerar "[...]a aprendizagem como processo de apropriação significativa dos conhecimentos, superando a aprendizagem limitada à memorização;" (BRASIL, 2018, p. 14).

Porém Lutfi (1992) assevera que a contextualização vai além de apenas conectar conceitos científicos e cotidianos. Ela deve promover a compreensão de problemas sociais e incentivar os estudantes a intervir no meio em que vivem. Portanto, a contextualização é um recurso que pode potencializar as interações entre os conhecimentos escolares e cotidianos, proporcionando a compreensão de problemas sociais e contribuindo para a intervenção no ambiente em que os sujeitos estão inseridos. Dessa forma, considerar a contextualização nos processos de ensino e aprendizagem é fundamental para qualificar o entendimentos e ampliar a visão em relação à determinado tema.

Dessa forma, ao utilizar a contextualização, o professor valoriza os CP dos estudantes, estimulando a reflexão crítica e promovendo uma aprendizagem mais significativa e autônoma. Nesse cenário, a relação entre contextualização e CP se torna fundamental para o processo de ensino e aprendizagem, haja vista que essa relação pode proporcionar a motivação dos estudantes para aprender, na medida em que sujeito percebe que já sabe algo sobre um assunto, ele se sente mais confiante e mais disposto a aprender, aumentando também o interesse e a curiosidade pelo conteúdo em questão.

Obstáculos Epistemológicos (OE) e o Ensino de Química

Embora o conhecimento prévio seja crucial para a aprendizagem significativa, sua presença nem sempre resulta em contribuições positivas, podendo, em certos casos, atuar como um obstáculo epistemológico (OE) e bloquear o processo de aprendizagem (MOREIRA, 2011).

Os OE são empecilhos que os estudantes enfrentam ao buscar compreender conceitos científicos. Esses obstáculos podem ter origem em suas crenças prévias, que não correspondem às visões científicas estabelecidas, ou na falta de clareza e consistência dos conceitos e explicações apresentadas pelos professores. (BACHELARD, 1996)

O conceito de OE adquire relevância no contexto do ensino de Química, tornando-se essencial que os professores estejam conscientes dos obstáculos que permeiam sua prática educativa. É importante lembrar que os adolescentes já chegam ao ambiente escolar com conhecimento prévio adquiridos de forma empírica (JAPIASSÚ, 1976).

Segundo Alves, Parente e Bezerra (2022), os CP são teorias de domínio, mais estáveis que as crenças e são portadores de traços comuns de uma teoria implícita, ainda mais estável que as teorias de domínio. Neste sentido, se considerarmos que a aprendizagem significativa implica em mudança conceitual, essa transformação deveria viabilizar a reestruturação dos princípios ou suposições subjacentes que sustentam a teoria implícita ou a concepção intuitiva dos estudantes.

Para Bachelard (1996) o desafio para o desenvolvimento do espírito científico deve ser colocado em termos de obstáculos do ato de conhecer, decorrentes não da complexidade ou rapidez dos fenômenos, mas alicerçado na ideia pré-concebida. Assim, o trabalho docente não se resume a levá-los a adquirir uma cultura científica, mas sim a ajudá-los a transcender sua cultura científica atual, superando os obstáculos que surgiram a partir de suas experiências cotidianas.

> "O ato de conhecer dá-se contra um conhecimento anterior, destruindo conhecimentos mal estabelecidos, superando o que, no próprio espírito, é obstáculo à espiritualização" (BACHELARD, 1996, p.17)

Portanto, segundo Bachelard (1996), existe uma dimensão psicológica responsável por criar analogias, imagens e metáforas, muitas vezes responsáveis por bloquear o conhecimento. Desta forma, o desenvolvimento do conhecimento científico se dá por um processo descontínuo, onde há a necessidade de se romper com um conhecimento anterior para poder assim construir um novo.

Quando o estudante inicia seus estudos de Química, ele traz consigo conceitos formados a respeito do mundo e da ciência. Esses conhecimentos pré-existentes interferem no processo de construção do novo conhecimento e na perspectiva de Silva e Soares (2013), esses conhecimentos já existentes na estrutura cognitiva dos estudantes podem gerar obstáculos epistemológicos, que consequentemente podem dificultar a aprendizagem dos conceitos.

Segundo Ramos e Scarinci (2013), o ponto de partida para que esses obstáculos sejam superados é o seu reconhecimento de forma objetiva e é através da modificação dessas primeiras concepções que acontece a formação do espírito científico.

Dessa forma, Bachelard (1996) ressalta que quando o estudante interpreta um determinado fato ou fenômeno a partir de concepções baseadas no senso comum e nas suas sensibilidades, onde a primeira impressão basta para considerar o fato, sem que haja um mínimo de interpretação, têm-se o obstáculo epistemológico de experiência primeira.

A experiência primeira é carregada pela observação das manifestações sem controle do cotidiano e tem como ponto de partida a experiência imediata da natureza e do concreto, resultando de uma atividade pouco reflexiva e mostrando um pensamento pouco inventivo e desordenado. (MEDEIROS; RODRIGUEZ; SILVEIRA, 2016).

Seguindo essa linha de pensamento, Bachelard afirma que:

> Na formação do espírito científico, o primeiro obstáculo é a experiência primeira, a experiência colocada antes e acima da crítica – crítica esta que é, necessariamente, elemento integrante do espírito científico. Já que a crítica não pode intervir de modo explícito, a experiência primeira não constitui, de forma alguma, uma base segura (Bachelard, 1996, p. 29).

Bachelard argumentava que essas primeiras experiências de mundo tendem a ser muito poderosas e influentes em nossa compreensão e interpretação posterior dos fenômenos e essas experiências iniciais também podem criar obstáculos epistemológicos que limitam nosso entendimento mais profundo do mundo.

No contexto do ensino de química, os obstáculos decorrentes da experiência primeira podem incluir concepções errôneas que os alunos trazem consigo de suas vivências cotidianas ou mesmo construídas dentro do ambiente escolar (VILAS-BÔAS; SOUZA FILHO, 2018). Por exemplo, Silva et al (2014), ao pesquisar sobre o tema funções inorgânicas presente em livros e cursos de química geral a partir da noção de obstáculo epistemológico ressalta que essas funções (ácido, base, óxido e sal) se confundem ao ser abordada a definição de ácido-base de Arrhenius, haja vista que existem óxidos que reagem como ácidos ou bases e o mesmo comportamento ocorre com os sais. Segundo os autores da pesquisa, o acúmulo de classificações quanto à composição faz com que as definições não só se confundam como causem distorções ao aprendizado.

Na mesma perspectiva, Gomes e Oliveira (2007) identificaram obstáculos epistemológicos no ensino de modelos atômicos, relatando que muitos dos modelos apresentados aos estudantes não são os atualmente aceitos, mas são transmitidos com o intuito de fazer um resgate histórico, porém essa forma de tratar esse conteúdo provoca algumas implicações para a aprendizagem de outros conteúdos relacionados à compreensão do átomo, como no caso o conteúdo de reações químicas.

> Certamente a compreensão de quaisquer interações moleculares é prejudicada em alunos que aceitem como correto o modelo de Dalton, que ainda não possuía divisão em partículas. Da mesma forma, no modelo de Thomson, que já propõe o conceito de elétron, mas não o de eletrosfera, assuntos como ligações químicas, magnetismo, e emissões de fótons também teriam a aprendizagem seriamente dificultada. (GOMES; OLIVEIRA, 2007, p. 108).

Esse obstáculo epistemológico envolve a tendência do estudante em fixar seu pensamento em um modelo atômico específico que pode não estar alinhado com o modelo atualmente aceito. Nesse sentido, é crucial adotar uma abordagem que incentive o questionamento das concepções estabelecidas, permitindo que o aluno progrida nessa construção de conhecimento.

Conforme afirmado por Ronch, Danyluk e Zoch (2016) é crucial para o professor identificar e discutir as hipóteses desenvolvidas pelos alunos por meio de observações ou experimentações. Dessa maneira, os conhecimentos em química podem ser consolidados, confirmando ou redirecionando essas hipóteses, sem comprometer a veracidade dos fatos científicos. Neste sentido, se faz necessário buscar estratégias que permitam aos estudantes superar os obstáculos epistemológicos, reconstruindo seus subsunçores em consonância com os conceitos científicos.

Conhecimentos prévios (CP) e a mudança conceitual

Os CP são importantes para o Ensino de Química, pois eles influenciam a forma como os estudantes entendem e aprendem novos conceitos. Segundo Silveira, Vasconcelos e Sampaio (2022), no contexto educacional, a disciplina de Química é frequentemente percebida pelos estudantes como difícil e, muitas vezes, esse componente curricular é ensinado de forma descontextualizada, sem levar em conta seus CP dos estudantes. Essa abordagem pode dificultar ou até mesmo impossibilitar a compreensão dos temas discutidos em sala de aula, pois dessa forma esse sujeito não estabelece uma conexão com o mundo ao seu redor.

No entanto, esses CP podem ser inconsistentes com as visões científicas estabelecidas e podem levar os estudantes a fazer inferências incorretas sobre os fenômenos químicos. Nesse contexto Posner et al. (1982) asseveram que quando há um conflito cognitivo, ou seja, quando o indivíduo é apresentado a uma nova concepção (cientificamente aceita) que é compreensível, plausível e promissora gerando uma insatisfação com uma concepção prévia, ocorre uma mudança conceitual na estrutura cognitiva desse sujeito.

Neste sentido, Mortimer (1992) defende a utilização de atividades que promovam o confronto entre as concepções prévias dos estudantes e os conhecimentos científicos, incentivando o surgimento de conflitos cognitivos que possam levar à mudança conceitual. Mortimer ressalta que esse conflito cognitivo é um catalisador para a reestruturação conceitual, pois os estudantes são motivados a resolver a discrepância entre suas ideias anteriores e as novas informações, levando assim à acomodação dessas novas ideias e à superação de concepções incorretas.

Posner et al. (1982), propõem uma sequência de estágios que os estudantes podem percorrer durante o processo de mudança conceitual. Inicialmente, ocorre a fase de assimilação, na qual o estudante utiliza conceitos existentes para lidar com novos problemas ou informações, que são adicionados à sua rede de conhecimentos sem causar mudanças fundamentais. No entanto, quando esses conceitos se mostram inadequados ou ineficientes, surge a fase de acomodação, que demanda uma transformação e reorganização da rede de conhecimentos conceituais. Para que essa mudança ocorra, os autores destacam quatro condições: insatisfação com os conceitos existentes, inteligibilidade do novo conceito, plausibilidade e fertilidade.

É essencial que exista insatisfação com as concepções existentes, pois é improvável que os estudantes realizem mudanças drásticas em seus conceitos a menos que percebam anomalias ou que suas explicações já não sejam adequadas. Segundo Pozo e Crespo (2009, p. 131), a mudança conceitual está relacionada à "uma nova forma de organizar o conhecimento em um domínio incompatível com as estruturas anteriores".

Como exemplo de insatisfação, é possível citar a situação onde os estudantes aprenderam sobre o modelo atômico de Dalton e, posteriormente, foram apresentados ao modelo de Rutherford, que desafia e contradiz a ideia anterior de que os átomos eram indivisíveis e uniformes. A nova informação pode gerar insatisfação com os conceitos anteriores e motivar uma busca por uma compreensão mais precisa.

A inteligibilidade está relacionada a uma nova concepção mais compreensível. O sujeito precisa ser capaz de entender como a experiência pode ser interpretada através do novo conceito, de forma suficiente para explorar suas possibilidades e isso requer compreender os termos e símbolos utilizados, construir ou identificar uma representação coerente com o que se deseja expressar. Segundo El-Hani e Bizzo (2002), quando uma concepção é inteligível para um indivíduo, ele é capaz de compreender o que ela significa, descobrir um meio de representá-la, compreender como a experiência pode ser organizada a partir dessa compreensão e explorar as suas potencialidades.

Neste sentido, Braathen (2012, p. 82) trás o seguinte exemplo:

> ... os raios atômicos (dos átomos) aumentam de cima para baixo numa família ou grupo de elementos na Tabela Periódica e decrescem da esquerda para a direita num período, sem que se saiba (ou mesmo se importe) por que variam assim.

No processo de aprendizagem, é possível ocorrer uma transformação conceitual na qual um conhecimento que era inicialmente apenas inteligível passa a ser também plausível, ou seja, ocorre uma mudança conceitual. A plausibilidade desse conceito será alcançada quando o estudante tiver uma verdadeira compreensão das razões pelas quais os raios atômicos dos átomos variam dessa forma e for capaz de explicar esse conceito ao professor de forma satisfatória.

Posner et al. (1982) ressalta que a plausibilidade decorre da consistência dos novos conceitos com outros conhecimentos já presentes no sujeito. Nesse contexto, a plausibilidade está ligada à capacidade de uma ideia, teoria ou concepção apresentar soluções para problemas ou inconsistências, demonstrando coerência com outras ideias já estabelecidas.

Braathen (2012) destaca que a transição de um estado de inteligibilidade para plausibilidade, ou seja, uma mudança conceitual na qual um conhecimento evolui de menos significativo para mais significativo, muitas vezes é marcada por uma transformação dramática, com expressões de alegria por parte do estudante quando, em determinado momento, realmente compreende algo que antes era incompreensível (não plausível). Essa habilidade de compreender e dar significado ao conteúdo, pode ser demonstrada por meio da tradução do conteúdo compreendido para uma nova forma (oral, escrita, diagramas etc.) ou contexto.

A quarta condição, segundo Posner et al (1982) é a necessidade da nova concepção se mostrar fértil, ou seja, deve oferecer a oportunidade de expansão e o surgimento de novas concepções. Em nível individual, as pessoas devem ser capazes de aplicar as novas concepções ao mundo e interpretar a realidade por meio delas, resultando em novas perspectivas e descobertas. Se o indivíduo considerar que a nova concepção traz algo de valioso para ele, resolvendo problemas que de outro modo lhe pareceriam insolúveis, apresentando poder explicativo e sugerindo novas possibilidades, direções e ideias, mostrando o seu potencial de ser estendida a novas áreas, então a acomodação será convincente.

Um exemplo clássico de fertilidade nos conceitos pode ser encontrado no estudo da tabela periódica, onde os estudantes aprendem sobre os diferentes grupos e períodos, e dessa forma as propriedades periódicas dos elementos se tornam evidentes. Ainda nesse contexto, a compreensão pode ser aplicada de forma fértil para prever as propriedades de elementos desconhecidos, compreender as tendências nas reatividades e identificar padrões na estrutura atômica.

Essas quatro condições fornecem uma estrutura útil para projetar e avaliar abordagens de ensino que visam promover a mudança conceitual. Ao considerar a insatisfação, a inteligibilidade, a plausibilidade e a fertilidade dos conceitos, os educadores podem desenvolver estratégias eficazes para ajudar os estudantes a adquirir uma compreensão mais profunda e duradoura dos tópicos abordados.

Diante do exposto, Posner et al. (1982) ressalta, porém, que esses estágios não são necessariamente lineares, e os estudantes podem percorrer os estágios em diferentes ordens ou retroceder em estágios anteriores durante o processo de mudança conceitual. Além disso, cada estudante pode progredir em ritmos diferentes, e a duração de cada estágio pode variar de acordo com as características individuais e a complexidade do conceito em estudo.

CONSIDERAÇÕES FINAIS

A utilização dos conhecimentos prévios dos estudantes se mostra importante na aprendizagem de Química, haja vista que servem como base para a construção de novos conhecimentos e dessa forma, se faz necessário que o professor esteja atento a esses conhecimentos trazidos pelos estudantes para poder criar conexões com o novo conteúdo e tornar o processo de aprendizagem mais significativo.

Nesse sentido, a busca por facilitar a compreensão e a construção de novos conhecimentos, relacionando o conteúdo trabalhado com a realidade do estudante, tornando-o mais significativo e relevante para esses sujeitos e proporciona ao professor a oportunidade de identificar as lacunas no conhecimento e dessa forma trabalhar essas dificuldades, oferecendo ferramentas que permitam ao estudante construir novos conhecimentos sobre o tema.

Porém fica claro que essas concepções prévias que os estudantes possuem sobre determinado tema e que podem dificultar o aprendizado, se evidenciam como um desafio para o professor, mas que podem ser superada por meio de uma abordagem pedagógica que leve em conta a importância dos CP para a construção de novos conhecimentos.

As condições propostas por Posner e colaboradores fornecem uma estrutura didática valiosa para entender e promover a mudança conceitual, proporcionando uma abordagem de ensino adequada para favorecer a compreensão profunda dos tópicos abordados e auxiliando na construção de ambientes de aprendizado propícios ao desenvolvimento de conhecimentos mais significativos pelos estudantes.

Enfim, essa construção pode ser alcançada através de mudança conceitual gradual, haja vista que esta pode ser uma estratégia eficaz para a superação de obstáculos epistemológicos, permitindo que os estudantes estruturem novos conhecimentos sem rejeitar completamente seus CP.

REFERÊNCIAS

ALVES, N. B.; SANGIOGO, F. A.; PASTORIZA, B. S. Dificuldades no ensino e na aprendizagem de química orgânica do ensino superior-estudo de caso em duas Universidades Federais. Química Nova, v. 44, p. 773-782, 2021.

ALVES, J. M.; PARENTE A. G. L.; BEZERRA, H. P. S. O subjetivo e o operacional na superação das dificuldades de aprendizagem em ciências. Ensaio Pesquisa em Educação em Ciências, v. 24, n. 1, 2022.

AUSUBEL, D. P. Aquisição e retenção de conhecimentos: uma perspectiva cognitiva. Lisboa: Plátano Edições Técnicas, 2003, 219p.

AUSUBEL, D.P., NOVAK, J.D. e HANESIAN, H. (1980). Psicologia educacional. Tradução para o português, de Eva Nick et al, da segunda edição de Educational psychology: a cognitive view. Rio de Janeiro: Inter-americana.

BRAATHEN, P. C. Aprendizagem mecânica e aprendizagem significativa no processo de ensino-aprendizagem de Química. Revista eixo, v. 1, n. 1, p. 63-69, 2012.

BRASIL. Resolução nº 3, de 21 de novembro de 2018. Atualiza as Diretrizes Curriculares Nacionais para o Ensino Médio. 2018. Diário Oficial da União, Seção 1, Brasília, DF, n. 224, p. 21, 22 de nov. de 2018.

BACHELARD, G.. A formação do espírito científico: contribuição para uma psicanálise do conhecimento. 10ª ed. Rio de Janeiro: Contraponto, 1996.

EL-HANI, C. N.; BIZZO, N. M. V. Formas de construtivismo: mudança conceitual e construtivismo contextual. Ensaio Pesquisa em Educação em Ciências (Belo Horizonte), v. 4, p. 40-64, 2002.

FERRO, M. G. D.; PAIXÃO, M. S. S. L. Psicologia da aprendizagem: fundamentos teórico-metodológicos dos processos de construção do conhecimento – Teresina: EDUFPI, 2017.

FREITAS FILHO, R.; CELESTINO, R. M. Cavalcanti Silva. Investigação da construção do conceito de reação química a partir dos conhecimentos prévios e das interações sociais. Ciências & Cognição, v. 15, n. 1, p. 171-186, 2010.

GOMES, H. J. P.; OLIVEIRA, O. B. de. Obstáculos epistemológicos no ensino de ciências: um estudo sobre suas influencias na concepções de átomos. Ciência & Cognição, Vol. 12, p. 96 – 109, nov., 2007;

JAPIASSÚ, H. Para ler Bachelard. Livraria Francisco Alves Editora, 1976

JOHNSTONE, A. H. Teaching of Chemistry – Logical or Psychological? Chemistry Education Research and Practice in Europe, Cambridge, v. 1, n. 1, p. 9-15, 2000.

LUTFI, M. Os ferrados e os cromados: produção social e apropriação privada do conhecimento químico. Ijuí: Editora Unijuí, 1992.

MEDEIROS, C. E.; RODRIGUEZ, R. C. M. C.; SILVEIRA, D. N. Ensino de química: Superando obstáculos epistemológicos. Appris Editora e Livraria, 2016.

MOREIRA, M.A. Aprendizagem significativa: a teoria e texto complementares. São Paulo: Editora Livraria da Física, 2011.

MORTIMER, E. F. Pressupostos epistemológicos para uma metodologia de ensino de química: mudança conceitual e perfil epistemológico. Química Nova, v. 15, n. 3, p. 242-249, 1992.

PIVATTO, W. B. Os conhecimentos prévios dos estudantes como ponto referencial para o planejamento de aulas de Matemática: análise de uma atividade para o estudo de Geometria Esférica. Revemat,Florianópolis, v. 9, nº 1, p. 43-57, 2014.

POSNER, G., STRIKE, K., HEWSON, P.; GERTZOG, W. Accommodation of a scientific conception: toward a theory of conceptual change. Science Education, vol. 66, p.211-227, 1982.

POZO, J. I. A aprendizagem e o Ensino de Fatos e Conceitos. In: COLL, C.; POZO, J. I.; SARABIA, B.; VALLS, E. Os conteúdos da Reforma. Porto Alegre: Artmed, 2000, p 17-71.

POZO, J. I.; CRESPO, M. A. G. A aprendizagem e o ensino de Ciências: do conhecimento cotidiano ao conhecimento científico ao 5 ed. Porto Alegre: Artmed, 2009.

RAMOS, T. A.; SCARINCI, A. L. Análise de concepções de tempo e espaço entre estudantes do ensino médio, segundo a epistemologia de Gaston Bachelard. Revista Brasileira de Pesquisa em Educação em Ciências, v. 13, n. 2, p. 009-025, 2013.

RONCH, S. F.A; DANYLUK, O. S.; ZOCH, A.N. Reflexões epistemológicas no ensino de ciências/ química: as potencialidades da pedagogia científica de Bachelard. Revista Brasileira de Ensino de Ciência e Tecnologia, v. 9, n. 1, p.342-353, 2016.

SILVA, E. L. Contextualização no ensino de química: ideias e proposições de um grupo de professores. 2007. 143 f. Dissertação (Mestrado em Educação) – Faculdade de Educação, Universidade de São Paulo, São Paulo, 2007.

SILVA, L. A. et al. Obstáculos epistemológicos no ensino-aprendizagem de química geral e inorgânica no ensino superior: resgate da definição ácido-base de Arrhenius e crítica ao ensino das "funções inorgânicas". Química nova na escola, v. 36, n. 4, p. 261-268, 2014.

SILVA, V. A.; SOARES, M. H. F. Conhecimento prévio, caráter histórico e conceitos científicos: o ensino de química a partir de uma abordagem colaborativa da aprendizagem. Química nova na escola. v. 35, n. 3, p. 209-219, 2013.

SILVA, E. L.; WARTHA, E. J. Estabelecendo relações entre as dimensões pedagógica e epistemológica no Ensino de Ciências. Ciência & Educação (Bauru), v. 24, p. 337-354, 2018. Disponível em: https://www.scielo.br/j/ciedu

SILVEIRA, F. A.; VASCONCELOS, A. K. P.; SAMPAIO, C. G. Experimentação Investigativa no Tópico Chuva Ácida: Estratégia de Ensino na Formação Inical Docente consoante o Contexto da Aprendizagem Significativa. Ensino de Ciências e Tecnologia em Revista–ENCITEC, v. 12, n. 1, p. 119-136, 2022.

VILAS-BÔAS, C. S. N.; SOUZA FILHO, M. P. Epistemologia de Bachelard e a aprendizagem do conceito de ressonância. Revista do Professor de Física, Brasília, v. 2, n. 2, p. 40-58, 2018.

CAPÍTULO 2

ENFOQUE CTS NO ENSINO DE QUÍMICA: REFLEXÕES E CONTRIBUIÇÕES NA FORMAÇÃO DOCENTE

Karine Arnaud Nobre
Caroline de Goes Sampaio

Resumo

A perspectiva CTS (Ciência, Tecnologia e Sociedade) no ensino de ciências surgiu como uma possibilidade de renovação curricular nas décadas 60 e 70, em oposição ao ensino tradicional que priorizava atividades mecânicas e fragmentadas. Essa abordagem busca discutir os objetivos de formação científica e tecnológica, os processos de ensino e aprendizagem, a formação dos professores e as políticas educacionais. Embora as orientações curriculares destaquem a importância do enfoque CTS, pesquisas mostram que o ensino ainda enfatiza aspectos conceituais em detrimento aos atitudinais e procedimentais. Diante do exposto, é urgente repensar a formação docente em Ciências, considerando os aspectos teóricos-epistemológicos, éticos e humanistas, a fim de promover o desenvolvimento de professores críticos-reflexivos capazes de efetivar praticas pedagógicas eficazes no ensino de química. Assim, o presente capítulo objetivou promover reflexões acerca da relevância da formação docente, seus desafios e contribuições para um ensino pautado no enfoque CTS.

Palavras-chave: CTS. Ensino de química. Formação docente.

INTRODUÇÃO

A perspectiva Ciência, Tecnologia e Sociedade (CTS) no Ensino de Ciências surgiu na década de 1970, em oposição ao ensino tradicional de resolução mecânica de exercícios e a memorização de conceitos e definições criado por um ensino conteudista e fragmentado, sendo este um movimento de renovação curricular, que contempla discussões e importância acerca dos objetivos da formação científica e tecnológica nas escolas, os processos de ensino e aprendizagem de Ciências, a formação dos professores e a elaboração de políticas públicas educacionais. (CANDIDO, 2021; CORTEZ, 2020; GUERREIRO; SAMPAIO; PEREZ, 2021)

As orientações curriculares dando ênfase a necessidade da renovação do currículo estão contidas em documentos reguladores como, por exemplo, os Parâmetros Curriculares Nacionais (PCN) e na Base Nacional Curricular Comum (BNCC) ao quais defendem que o ensino de Ciências da Natureza, na Educação Básica, deve preparar o aluno para o convívio social, para a tomada de decisões e para o uso das tecnologias em seu dia a dia e na sociedade, tendo em vista a aquisição de habilidades e competências relacionadas à resolução de problemas e a construção de uma visão de mundo, ideias que estão em acordo com os pressupostos do ensino CTS (BRASIL, 2006, 2018; NIEZER, 2017).

No entanto, mesmo com esse incentivo, pesquisas mostram a predominância de um ensino que prioriza os aspectos conceituais em detrimento aos atitudinais, uma visão tradicional do ensino de Ciências, e em algumas situações o enfoque CTS é até utilizado, mas acontece de forma equivocada disseminando ideias e conceitos superficiais sobre a Ciência (ANTOS, 2018).

A abordagem CTS, por ser complexa, apresenta muitos consensos fazendo com que seja necessário um aprofundamento teórico do professor sobre o tema a fim de compreender e definir a vertente que mais se aproxima de suas ideias. Deste modo podemos citar a concepção de CTS, na visão de Cutcliffe (2003), o qual afirma que

> CTS, ou Estudos de Ciência e Tecnologia, como é chamado as vezes, tem como tema de estudo principal a explicação e a análise da ciência e da tecnologia como construção social completa atendendo as influencias sociais que implicam uma variedade de questões epistemológicas, políticas e éticas (CUTCLIFFE, 2003, p.2 *apud* ANJOS; CARBO, 2019).

Yager (1996 *apud* BOCHECO, 2011) afirma que o ensino baseado nos pressupostos CTS não significa uma nova metodologia ou forma especial de educação, como a educação ambiental e a educação para a saúde, e menos ainda uma forma atípica de selecionar e ordenar conteúdos num currículo, mas sim, uma reforma educacional mais abrangente onde os conhecimentos científicos e tecnológicos são construídos tendo como base a necessidade de serem conhecidos para que seja possível atingir uma intenção no ensino, onde ao alunos conseguem perceber o potencial e utilidade dos conceitos abordados.

Nesse sentido, Santos e Schnetzler (2015), defendem que a Educação precisa promover no indivíduo o interesse pelos assuntos sociais, para que o mesmo possa assumir uma postura de comprometida em busca conjunta de soluções para os problemas existentes, o que podemos conceituar de Educação para a cidadania, que é sobretudo o desenvolvimento de valores éticos de compromisso com a sociedade.

Essa ideia enfatiza o enfoque CTS, visto que se preocupa com a formação crítica do indivíduo, buscando articular os temas científicos ao dia a dia da sociedade (BAZZO; BARBOZA, 2014). No enfoque CTS, mais do que contextualizar o conhecimento, compreender o mundo, questioná-lo e/ou se posicionar frente as suas realidades, defende-se que o desenvolvimento de uma aprendizagem social, capaz de oportunizar o cidadão a utilizar os conhecimentos escolares para se posicionar criticamente e decidir sobre questões relacionadas ao contexto científico-tecnológico buscando a transformação do mundo (STRIEDER *et al.*, 2016).

Para conseguir esse modelo de educação, Souza e Pedroza (2011, p. 4) afirmam que um dos desafios estão diretamente ligados à formação profissional, que ainda não contempla em sua totalidade e profundidade o enfoque CTS nas estruturas curriculares das universidades brasileiras. Gonçalves (2014) estabelece precisamente essa relação, afirmando que poucas são as universidades no Brasil que apresentam cursos com o objetivo de promover pesquisas voltadas para as relações CTS. Na maioria das vezes, tais pesquisas ficam limitadas a um pequeno grupo que chega aos programas de pós-graduação (ANJOS; CARBO, 2019).

Diante do exposto, há uma urgência de se pensar o processo formativo de professores de Ciências, considerando que a formação docente está focada nos aspectos teórico-epistemológicos e éticos, que têm levado a uma visão ingênua e superficial sobre CTS, o que nos remete a uma visão positivista ao considerarmos o avanço científico-tecnológico atual (AZEVEDO *et al.*, 2013).

No Brasil, a relevância do processo formativo dos professores tem se mostrado uma preocupação constante nos documentos oficiais que impulsionam as políticas educacionais em seus diversos níveis. A exemplo disto temos o Plano Nacional de Educação – PNE (2014-2024), que dentre suas 20 metas apresentam as metas 15 e 16 que tratam especificamente da formação docente trazendo estratégias para fortalecer e incentivar de forma colaborativa, envolvendo união, estados e municípios, a formação docente por meio de incentivos a formação inicial e continuada, bem como o incentivo a cursos de pós-graduação para os professores que atuam na educação básica, onde determina que pretende "formar, em nível de pós-graduação, 50% (cinquenta por cento) dos professores da Educação Básica, até o último ano de vigência deste PNE, e garantir a todos (as) os (as) profissionais da Educação Básica, formação continuada em sua área de atuação, considerando as necessidades, demandas e contextualizações dos sistemas de ensino" (BRASIL, 2014).

Essas ações também são fortalecidas nas novas orientações apresentadas nos Parâmetros Curriculares Nacionais para o Ensino Médio (PCNEM) e nas Diretrizes Curriculares para os cursos de graduação, que discutem a necessária e urgente formação docente em ciências, valorizando aspectos humanísticos, culturais, ambientais e tecnológicos (OLIVEIRA; ALVIM, 2020).

Quando especificamos o componente curricular de química, a nova BNCC, afirma que o ensino dessa disciplina, na escola, deve proporcionar ao aluno a possibilidade de se tornar mais bem informado, sendo preparado para argumentar e se colocar diante de questões sociais relacionadas ao ensino de química (BRASIL, 2018), o que exige do professor estar atendo as relações históricas, sociais e culturais dos conteúdos abordados bem como sua inter--relações como orienta os pressupostos do ensino CTS.

Assim, a formação dos docentes de química assume grande importância na implantação de propostas pedagógicas inovadoras sendo necessário reflexão constante e mudança na prática docente, para que possa haver a apropriação dos pressupostos do ensino com enfoque CTS, sendo a formação fundamental para a evolução e sucesso dos docentes em sua pratica pedagógica.

Diante do exposto, o capítulo tem o objetivo de desenvolver uma reflexão teórica sobre as contribuições do ensino CTS na formação docente, levando em consideração a relevância da formação de professores críticos e reflexivos que sejam capazes de compreender e desenvolver uma prática efetiva no exercício da docência no ensino de Química.

RELEVÂNCIA, DESAFIOS E CONTRIBUIÇÕES DO ENFOQUE CTS PARA FORMAÇÃO DOCENTE

Atualmente, estamos cercados pelo avanço científico e tecnológico em um mundo sujeito aos impactos desses avanços. Podemos citar como exemplo o aumento contínuo ao uso de automóveis, que impactam o meio ambiente com a emissão de gases poluentes, em contra partida temos a aplicação do conhecimento científico buscando o desenvolvimento de carros elétricos para minimizar esse impacto. Nesse contexto, pensar em soluções que envolvem o conhecimento científico e suas implicações passam a fazer parte da vida cotidiana das pessoas (ANTOS, 2018).

É de suma importância possuir concepções claras sobre o que é Ciência, compreender os processos envolvidos na criação do aparato tecnológico e identificar os valores que permeiam as descobertas científicas para tomar decisões de maneira consciente. Esses valores podem ser de natureza política, econômica e social, e tem um impacto direto na vida de cada cidadão. Portanto, é necessário investir em condições adequadas para o exercício da cidadania (ANTOS, 2018).

Nesse contexto, proporcionar uma educação científica que vá além do ensino da ciência, estabelecendo conexões com a tecnologia e a sociedade é passo relevante para que essa consciência se concretize. Uma abordagem eficaz para alcançar esse tipo de educação é o ensino com enfoque CTS, pois essa abordagem objetiva promover a formação de cidadãos ativos, capazes de refletir, se adaptar e agir de acordo com as transformações sociais resultantes do avanço científico e tecnológico (ACEVEDO *et al.* 2005; ANTOS, 2018).

A inserção de propostas pedagógicas centradas nos pressupostos do movimento CTS vem ganhando destaque na área de ensino de Ciências e se tornando um tema de interesse dos pesquisadores no Brasil. Vale ressaltar que pesquisas recentes tem mostrado que para implementar reformulações curriculares com uma perspectiva CTS é fundamental fornecer parâmetros e orientações com elementos bem definidos, além de planejar estratégias para sua inserção, que sejam capazes de desenvolver uma compreensão crítica e reflexiva sobre o contexto científico-tecnológico, e suas relações com a sociedade (CANDIDO, 2021).

As concepções que os estudantes apresentam sobre ciência, tecnologia, sociedade e suas relações encontram-se diretamente relacionadas com as concepções que os professores de ciências possuem e são, portanto, transmitidas aos estudantes por meio da seleção dos conteúdos a serem abordados, das metodologias utilizadas e das práticas de ensino e aprendizagem adotadas por esses profissionais (ANTOS, 2018).

O processo de alfabetizar cientificamente tem início na escola e objetiva formar o cidadão com discernimento para tratar de assuntos relacionados à ciência e tecnologia que interferem de alguma maneira na sociedade, para que possa participar das tomadas de decisões pertinentes. É nesse ambiente, com a participação ativa dos professores que os estudantes se tornam capazes de compreender a ciência, e adquirem concepções adequadas relativas à produção e aplicação do conhecimento científico, desenvolvendo valores que permeiam questões políticas, éticas, econômicas e sociais na tomada de decisões (ACEVEDO *et al.* 2005).

Desta maneira, reafirmamos a necessidade ao incentivo a formações docentes para consolidar e aprimorar as concepções sobre o ensino CTS. As concepções dos professores sobre ciência, tecnologia e sociedade podem influenciar sua forma de ensinar e estas influenciam as concepções que os alunos irão adquirir, tornando essas concepções relevantes a pratica docente (ACEVEDO *et al.* 2005).

De acordo com Santos e Mortimer (2000), a ciência é uma atividade que não é neutra e apresenta implicações significativas para a sociedade. Essas implicações não se limitam aos cientistas, o que destaca a necessidade de um controle social que envolva democraticamente a população nas decisões relacionadas a ciência e tecnologia.

A atualização de documentos reguladores como a nova BNC – Formação, fazem uma revisão na legislação vigente, em relação à formação de professores, onde espera-se que os professores tenham uma qualificação profissional mais sólida e adequada à prática docente, para que possam contribuir de modo significativo para a melhoria da qualidade do ensino, integrando os conhecimentos teóricos adquiridos da academia à sua prática docente (BRASIL, 2020).

Nesse sentido, a inserção do enfoque CTS na formação de professores têm sido desenvolvidas para superar esse panorama, visto que através dessas mudanças podemos compreender as vantagens e dificuldades de sua implementação em processos educativos, assim como as percepções dos professores acerca desta perspectiva.

Alguns trabalhos apontam dificuldades na implementação da educação CTS, tais como a necessidade de conhecimentos disciplinares e curriculares profundos para articular os conteúdos com contextos reais; o tempo e esforço necessários para o planejamento das atividades; os modos de avaliação; desconforto ao abordar temas controversos; desconhecimento de aspectos históricos; reprodução de processos tradicionais de ensino e; temor a perder a identidade profissional (em crise) (PEDRETTI *et al*, 2006; SILVA; CARVALHO, 2009; BETTENCOURT, 2014).

Diante do exposto, podemos então presumir que um fator determinante para a utilização do enfoque CTS nas pesquisas educacionais está vinculado ao desejo de romper com o paradigma tradicional de ensino. Nessa perspectiva, Santos e Schnetzler (2015) destacam alguns aspectos fundamentais para que ocorra esse ruptura, dentre os quais: A capacidade de participação e tomada de decisão; A visão e destaque do caráter interdisciplinar dos conteúdos, também citados como relevante em outros trabalhos (FERREIRA, 2016; NIEZER, 2017; KIRINUS *et al.*, 2020); Abordagem contextualizada dos conteúdos, inserindo temas sociais e problemas relacionados à Ciência e à Tecnologia e o planejamento e o aperfeiçoamento do processo de ensino-aprendizagem que precisam ser conduzidos de forma a contemplar os pressupostos (RODRÍGUEZ; DEL PINO, 2019).

Ao considerarmos as contribuições do ensino CTS, podemos destacar a existência de maior motivação para alunos e professores originada quando trabalham os conteúdos de forma contextualizada, podendo observar o real sentido na abordagem, havendo uma aproximação entre alunos e professores favorecendo o diálogo e consequentemente a aprendizagem; melhor compreensão da natureza da Ciência o que amplia as possibilidade de abordar situações reais e possibilita realizar processos mais participativos destacando a importância de aspectos sociais contribuindo para a construção de concepções críticas, o que favorece a autonomia do professor e do aluno (SILVA;

CARVALHO, 2009; BETTENCOURT *et al.*, 2014; RAMOS *et al.*, 2018; RODRÍGUEZ; DEL PINO, 2019.

Cabe destacar que, autonomia dos professores, da mesma forma que outras dimensões do trabalho docente, acaba sendo direcionada e regulada por instrumentos de orientação e legislação. Sejam políticas públicas, diretrizes curriculares e/ou normas escolares, como já citado ao anteriormente neste trabalho, esses instrumentos de normatização e padronização influem notoriamente no desenvolvimento das práticas acadêmicas e, consequentemente, na construção das identidades dos agentes envolvidos. (CONTRERAS, 2012; RODRÍGUEZ; DEL PINO, 2019; SOUZA FILHO, 2021)

Para contemplar os aspectos do enfoque CTS e conseguir promover uma efetiva alfabetização científica almejando uma formação crítica e cidadã é necessário desenvolver estratégias que aprimorem as metodologias pedagógicas e epistemológicas dentro das salas de aulas (BAZZO; PEREIRA, 2008). Santos, Ribeiro e Prudêncio (2020) enfatizam essa ideia quando sugerem que a formação dos professores, a partir da Educação CTS, pretende construir uma ressignificação na docência e promover mudança nas concepções preexistentes sobre as relações entre Ciência, Tecnologia e Sociedade, bem como visões acerca do papel do professor nesse cenário.

Nesse sentido, Auler (2003) afirma que:

> O enfoque CTS não pode ser interpretado como um conteúdo curricular, e sim, como uma concepção e maneira de ensinar. Com isso, o professor precisa saber implementar situações de ensino que articule teoria e prática no processo de aprendizagem de forma a priorizar a prática do questionamento reflexivo crítico por meio de situações problemas do cotidiano e de relevância social (AULER, 2003, p.5).

O fato é que a formação deve preparar o professor para perceber e assumir um papel político e social, estando ciente que poderá influenciar substancialmente a vida de seus estudantes. O intuito é formar um professor capaz de trabalhar com profissionais de outras áreas, de forma interdisciplinar, e possuir formação embasados no enfoque CTS (SILVA *et al.*, 2017).

Carvalho e Pérez (2006, p.14) mencionam a existência de lacunas na formação inicial e evidenciam que os professores que já atuam na área de Ciências, não só necessitam de formação continuada, como também precisam se conscientizar de suas próprias fragilidades lançando assim, um novo olhar sobre a sua própria prática de ensino, e sobre o papel social da ciência para a vida concreta dos cidadãos.

Estudos ressaltam que se houver investimentos na formação docente voltadas para uma abordagem CTS no ensino de Ciências é possível que os professores desenvolvam projetos de ensino de orientação CTS podendo contribuir para a (re)elaboração de concepções mais adequadas de ciência, tecnologia e sociedade (ANTOS, 2018; NIEZER, 2017; RODRÍGUEZ; DEL PINO, 2019).

Deste modo, conceber o trabalho dos professores como trabalho intelectual quer dizer, portanto, desenvolver um conhecimento sobre o ensino que reconheça e questione sua natureza socialmente construída e o modo pelo qual se relaciona com a ordem social, bem como analisar as possibilidades transformadoras implícitas no contexto social das aulas e do ensino (CONTRERAS, 2002).

ESTRATÉGIAS PARA ENSINO CTS

É de suma importância considerar o papel do professor como responsável pela elaboração de estratégias de ensino. No contexto do ensino com enfoque CTS, é necessário adotar estratégias diferentes daquelas utilizadas no ensino tradicional. Uma variedade de estratégias exequíveis para o ensino CTS foram apontadas por Hofstein *et al.* (1988 *apud* SANTOS; SCHNETZLER, 2015), dentre elas, destacam-se: palestras, demonstrações, resolução de problemas, atividades experimentais em laboratório, jogos didáticos, fóruns, debates, desenvolvimento de projetos individuais e em grupo, produção textual, pesquisa de campo e ação comunitária, visitas guiadas, estudos de caso, entrevistas, utilização de materiais audiovisuais e Tecnologias da Informação e Comunicação.

No tocante a disciplina de química, diversas são as possibilidades de trazer para a sala de aula, uma educação CTS. Niezer (2017) por exemplo, em sua pesquisa, faz uso de atividades experimentais para trabalhar temas controversos, trazendo à tona problemas ambientais e culturais, trabalhando a interdisciplinaridade quando aborda os temas como: "Manuseio e risco dos agrotóxicos"; "Fontes de energia"; "Carros: um mal necessário? - Utilização de carros e emissão de poluentes"; "A água que bebemos é ideal para o consumo?", trazendo relevância social aos conhecimentos científicos de uma forma interdisciplinar.

Ainda nessa perspectiva, Souza, Ariza e Sampaio (2021) trabalharam o tema Biodiesel através dos debates, uma inter-relação significativa entre o meio ambiente e a Química, gerando uma nova perspectiva para o desenvolvimento de atitudes cidadãs na formação educativa e humana dos participantes.

Em uma linha histórica, com uma proposta contextualizada e multidisciplinar, Kirinus *et al.* (2020) utilizou o livro "Os Botões de Napoleão" para trabalhar os conteúdos de funções orgânicas, fazendo relação com disciplina de biologia, enfatizando o surgimento dos anticoncepcionais e os hormônios sexuais femininos. Forma de trazer temas de interesse dos alunos e fazer reflexões relevantes para temas socais e de impactos no cotidiano dos estudantes.

Utilizando tema foco, para trabalhar conteúdos específicos da química em uma abordagem CTS, Oliveira (2015) fez uso da temática "Qualidade do ar" para abordar estudo dos gases e cinética química; já Reppold *et al.* (2021) utilizaram o tema "Automedicação" para trabalhar funções orgânica, sempre trazendo aos estudantes a luz das relações históricas, sociais, científicas e tecnológicas dos assuntos trabalhados.

Com essas estratégias, o professor procura inserir em suas aulas temas que sejam relevantes para os alunos e traz à tona os conhecimentos pré-existentes acerca de determinado conteúdo, compreendendo que o estudante é peça fundamental no seu processo de formação. Essa ação facilita a aproximação do conhecimento científico à realidade do estudante, evidenciando não apenas esse conhecimento, mas, sim, indicando caminhos para a apropriação deste (ANTOS, 2018).

Nesse sentido, Santos e Mortimer (2001, p. 107) pontuam que:

> Ao se pensar em currículos de ciência com o objetivo de formação para a cidadania, é fundamental que seja levado em conta o desenvolvimento da capacidade de tomada de decisão. Não basta fornecer informações atualizadas sobre questões de ciência e tecnologia para que os alunos de fato se engajem ativamente em questões sociais.

Como também não é suficiente ensinar ao aluno passos para uma tomada de decisão (SANTOS; MORTIMER, 2001, p. 107).

Desse modo, torna-se possível interligar conhecimentos tecnológico, social, científico e ético (MACEDO; KATZKOWICK, 2003), o que podemos considerar que são desafios para o desenvolvimento da didática e prática docente.

Considerando essa perspectiva de ensino o professor passa a ser mediador, em sala de aula, no processo de construção desse conhecimento. Assim, entende-se que promover ações e experiências na formação de professores é de extrema relevância, para que suas ações sejam pautadas em reflexões sobre a realidade existente, a fim de uma perspectiva crítico-emancipadora.

CONSIDERAÇÕES FINAIS

Para promover um ensino de química baseado na abordagem CTS, é de suma importância considerar o cotidiano dos alunos, para que o professor consiga ir além da mera apresentação de conceitos científicos. Ao permitir que os estudantes compreendam o mundo ao seu redor, é possível despertar sua curiosidade e instigar a necessidade de adquirir conhecimento. Dessa forma, os aspectos relacionados à Ciência e Tecnologia se tornam ferramentas para compreender o ambiente social em que vivem.

Ao utilizar o enfoque CTS, torna-se possível abordar conteúdos conceituais das diversas áreas da Ciência partindo do contexto escolar e comunitário, bem como favorecer o desenvolvimento de valores que são de interesse coletivo, tais como a solidariedade, a fraternidade, o compromisso social, o respeito e a generosidade, fortalecendo desta maneira a formação humana do discente.

No cenário atual, muitos são os questionamentos que nós fazemos acerca das contribuições do ensino CTS para a formação docente. Tais como: como anda atualmente a formação inicial e continuada acerca do enfoque CTS? O que pensão os professores a respeito de Ciência, Tecnologia e Sociedade? O quanto e como os documentos Oficiais de educação incentivam e orientam a abordagem CTS? Qual o interesse dos professores em (re)estruturar suas práticas pedagógicas?

Assim, a formação dos professores no enfoque CTS, contribui para a evolução constante do trabalho docente e permite a construção de conhecimentos para transformar as práticas educativas, auxiliando os professores a superar as dificuldades encontradas em sala de aula. Deste modo, a Educação CTS, no aprimoramento de processos formativos para professores de Ciências, reforça o desígnio de formar professores com vistas às transformações em suas práticas pedagógicas, na perspectiva de uma formação voltada a um ensino crítico e reflexivo, e para o exercício da cidadania.

REFERÊNCIAS

ACEVEDO, J. A. D.; VÁZQUEZ, A.; PAIXÃO, M. F.; ACEVEDO, P; OLIVA, J. M.; MANASSERO, M. A. Mitos da didática das ciências acerca dos motivos para incluir a natureza da ciência no ensino das ciências. Ciência & Educação, v. 11, n.1, 2005.

ANJOS E CARBO. Enfoque CTS e a atuação de professores de ciências. Actio: Docência em Ciências, Curitiba, v. 4, n. 3, p. 35-57, set./dez. 2019.

ANTOS, A. P. As concepções de professores de química das escolas centros de excelência de Aracajú/se sobre ciência, tecnologia e sociedade. Revista de Ensino de Ciências e Matemática-RENCIMA, v.9, n.4, p.58-77, 2018.

AULER, D. Alfabetização científico-tecnológica: um novo "paradigma"? Ensaio – Pesquisa em Educação em Ciências, v.5, n.1, p.1-16, 2003.

AZEVEDO, R. O. M; GHEDIN, E; FORSBERG, M. C. da S; GONZAGA, A. M. O enfoque CTS na formação de professores de Ciências e a abordagem de questões sociocientíficas. IX ENPEC - Atas do IX Encontro Nacional de Pesquisa em Educação em Ciências, Anais, Águas de Lindóia, São Paulo, 2013.

BAZZO, W. A.; BARBOZA, L. C. A. A escola que queremos: É possível articular pesquisas ciência-tecnologia-sociedade (CTS) e práticas educacionais? Revista Eletrônica de Educação, v. 8, n. 2, p. 363-372, 2014.

BETTENCOURT, C.; ALBERGARIA-ALMEIDA, P.; VELHO, J. Implementação de estratégias Ciência Tecnologia-Sociedade (CTS): percepções de professores de biologia. Investigações em Ensino de Ciências, v.19, n. 2, p. 243-261, 2014.

BRASIL. Ministério da Educação. Secretaria de Educação Básica. Orientações Curriculares para Ensino Médio. Ciências da Natureza, Matemática e suas Tecnologias, Brasília, MEC, V.2, 2006.

_____. Base Nacional Comum Curricular. Brasília: Ministério da Educação, 2018.

_____. Lei n. 13.005, de 25 de junho de 2014. Aprova o Plano Nacional de Educação (2014- 2024) – PNE e dá outras providências, 2014. Disponível em: < http://planalto.gov.br >

_____. Resolução CNE/CP n. 1, de 27 de outubro de 2020. Define as Diretrizes Curriculares Nacionais para a Formação Inicial de Professores para a Educação Básica e institui a Base Nacional Comum para a Formação Inicial de Professores da Educação Básica (BNC-Formação), 2020.

BOCHECO, O. Parâmetros para a abordagem de evento no enfoque CTS. Dissertação de mestrado. Centro de Ciências da Educação: Universidade Federal de Santa Catarina, 2011.

CANDIDO, V. O enfoque CTS na formação docente: contribuições de um processo formativo em uma escola pública. Dissertação do Programa de Pós- Graduação em Educação em Ciências: Química da Vida e Saúde do Departamento de Bioquímica do Instituto de Ciências Básicas da Saúde da Universidade Federal do Rio Grande do Sul, Porto Alegre, 2021.

CARVALHO, A.M. P.; PÉREZ, G. D. Formação de Professores de Ciências. 8. ed. São Paulo Cortez, 2006.

CONTRERAS, José. A autonomia de professores. São Paulo: Cortez, 2002.

CORTEZ, J. A abordagem CTS na formação e na atuação docente. 1 ed. Curitiba: Apriss, 2020.

CUTCLIFFE, S. La emergência de CTS como campo acadêmico. In: Ideas, Máquinas y Valores. Los estudios de Ciencia, Tecnología y Sociedad. Barcelona: Anthropos, 2003.

FERREIRA, A. P. G. O uso indiscriminado de antibióticos e suas consequências através de uma abordagem CTS (ciência, tecnologia e sociedade) no ensino de biologia. Monografia do curso de especialização ENCI-UAB do CECIMIG FaE/UFMG, Belo Horizonte, 2016.

GONÇALVES, R. S. **Projetos temáticos e enfoque CTS na Educação Básica**: caracterização dos trabalhos apresentados por autores brasileiros, espanhóis e portugueses nos seminários iberoamericanos de CTS. 2014. Dissertação (Mestrado em Ensino de Ciências) – Universidade Federal de Itajubá, Itajubá, 2014.

GUERREIRO, I. L.; SAMPAIO, C.G.; PEREZ, L. F. M. Ensino de ciências com enfoque ctsa: algumas reflexões. in: Caroline de Goes Sampaio; Maria Cleide da Silva Barroso; Leidy Gabriela Ariza. (org.). Experiências em ensino ciências e matemática na formação de professores da pós-graduação do IFCE. 1ed. Fortaleza: editora da universidade estadual do ceará? educe, v. 1, p. 36-55, 2021.

HOFSTEIN, A.; AIKENHEAD, G.; RIQUARTS, K. Discussions over STS at the fourth IOSTE symposium. International Journal of Science Education, v. 10, n. 4, p. 357-366, 1988.

KIRINUS, G. O.; FONSECA, V. F.; SIMON, M. N.; PASSOS, C. G. Uma proposta multidisciplinar para o ensino de funções orgânicas a partir do livro de divulgação científica "Os Botões de Napoleão". Kiri-kerê: *Pesquisa em Ensino*, v. 1, n. 5, nov. 2020.

MACEDO, B.; KATZKOWICK, R. Educação científica: sim, mas qual e como? In: MACEDO, B. (Org.). Cultura científica: um direto de todos. Brasília: Unesco; MEC, p. 65-84, 2003.

NIEZER, T. M. Formação continuada por meio de atividades experimentais no ensino de Química com enfoque CTS. 2017. Tese (Doutorado em Ensino de Ciências e Tecnologia) – Universidade Tecnológica Federal do Paraná, Ponta Grossa, 2017.

OLIVEIRA, R. R. e ALVIM, M. A história das ciências com enfoque CTS na formação continuada de professores de química. Revista Iberoamericana de Ciencia, Tecnología y Sociedad —CTS, v. 15, n. 43, p. 65-90, 2020.

PEDRETTI, E. G.; BENCZE, L.; HEWITT, J.; ROMKEY, L.; JIVRAJ, A. Promoting issues-based STSE perspectives in science teacher education: problems of identity and ideology. Science and Education, v. 17, n.8/9, 941-960, 2006.

RAMOS, T. C.; SOBRINHO, M.; SILVA, K.; CASTRO, P.; SANTOS, W. L. P. Educação CTS no itinerário formativo do PIBID: potencialidades de uma discussão a partir do documentário "a história das coisas". Investigações em ensino de Ciências, v. 23, n.2, p.18-48, 2018.

REPPOLD, D. P.; RAUPP, D. T.; PAZINATO, M. S. A Temática Automedicação na Abordagem do Conteúdo de Funções orgânicas: um relato de experiência do estágio de docência em Química. Revista Insignare Scientia, v.4, n.2, 2021.

RODRÍGUEZ, A. S. M.; DEL PINO, J. C. O Enfoque Ciência, Tecnologia E Sociedade (CTS) na Reconstrução da Identidade Profissional Docente. Investigações em Ensino de Ciências, v. 24, n. 2, p. 90-119, 2019.

SANTOS, L. C. RIBEIRO, K.S.; PRUDÊNCIO, C.A.V. Percepções de licenciandos em Ciências Biológicas quanto ao ensino de embriologia na Educação Básica: dificuldades e estratégias de transposição didática. Revista de Ensino de Ciências e Matemática, v.11, n.7, p. 276-297, 2020.

SANTOS, W. L.; MORTIMER, E. Tomada de decisão para ação social responsável no ensino de ciências. Ciência & Educação, Bauru, v. 7, n. 1, p. 95-111, 2001.

_____. Uma análise de pressupostos teóricos da abordagem CTS (Ciência-Tecnologia-Sociedade) no contexto da educação brasileira. Ensaio Pesquisa em Educação em Ciências, Belo Horizonte, v. 2, n. 2, p. 110-132, 2000.

SANTOS, W. L. P. dos; SCHNETZLER, R. P. Educação em Química: Compromisso com a cidadania. Ijuí: UNIJUÍ, 2015.

SILVA, L. F.; CARVALHO, L. M. Professores de Física em Formação Inicial: o Ensino de Física, a abordagem CTS e os temas controversos. Investigações em Ensino de Ciências, v. 14, n. 1, p.135-148, 2009.

SOUZA, C. B. A. de., ARIZA; L. G. A.; SAMPAIO, C. de. G. Uma proposta para o ensino de Química utilizando biodiesel como uma abordagem CTSA. In: M. C. da. S. Barroso, C. de. G. Sampaio, & L. G. A. Ensino de ciências e matemática: pesquisas na formação de professores da pós-graduação do IFCE, ed. 1, p. 38-70, Fortaleza: EdUECE, 2021.

SOUZA FILHO, J. R. A. de. A abordagem Ciência, Tecnologia, Sociedade e Ambiente (CTSA), na formação continuada: uma análise em torno das concepções ctsa de professores de química da rede pública estadual de ensino do Ceará lotados em escolas da sefor 2ª região. Dissertação (Mestrado em Ensino de Ciências e Matemática) - Instituto Federal de Educação, Ciência e Tecnologia do Ceará (IFCE), Fortaleza, 2021.

SOUZA, F. L.; PEDROSA, E. M. P. O enfoque CTS e a pesquisa colaborativa na formação de professores em ciências. Rev. ARETÉ, Manaus, v. 4, n. 7, p. 24-33, 2011.

SILVA, L. P.; BARBOSA, T. V.; VASCONCELOS, T.; MACIEL, M. D. O enfoque CTS na prática e na formação docente. X Congreso Internacional sobre Investigación en Didáctica de las Ciencias, Sevilla, p.5-8, set., 2017.

STRIEDER, R. et al. Educação CTS e Educação Ambiental: ações na formação de professores. Alexandria - Revista de Educação em Ciência e Tecnologia, Florianópolis, v.9, n.1, p.57-81, mai. 2016.

YAGER, Robert Eugene. Science/Technology/Society as a reform in science education. Albany: State University Of New York Press, 1996.

CAPÍTULO 3

QUIVELHA: USO DE UM JOGO DIDÁTICO NO ENSINO DE QUÍMICA NA TEMÁTICA TABELA PERÍODICA E LIGAÇÕES INTERATÔMICAS

Felipe Alves Silveira
Albino Oliveira Nunes

Resumo

Os jogos apresentam-se como alternativa eficaz para alcançar a aprendizagem dos estudantes diante dos conteúdos em sala de aula haja vista que proporcionam uma forma atrativa para estudar. Quando usados para fins educativos, eles acrescentam uma nova visão no aprender, despertando o gosto pelo conteúdo, no qual a aula fica mais desafiadora e dinâmica. A presente investigação tem por finalidade verificar a utilização do jogo da velha, de forma adaptada, como recurso pedagógico de apoio na disciplina de Química nas temáticas Tabela Periódica e Ligações Químicas Interatômicas como forma de corroborar no processo de ensino-aprendizagem. O jogo, intitulado de QuiVelha, foi construído através de materiais de baixo custo pelos estudantes. Os sujeitos da pesquisa foram da 1° série do Ensino Médio de uma escola estadual profissionalizante de Fortaleza - Ceará. O campo metodológico pauta-se em uma perspectiva qualitativa. O jogo sendo aplicado no intuito de ensinar e difundir ideias define o aspecto relevante de sua utilização como método de ensino na área da Química. A adaptação do jogo da velha foi relevante no processo de ensino-aprendizagem conforme evidenciado através da evolução dos conceitos adquiridos nos quais foram sendo aprimorados e consolidados perante o avanço do jogo que aconteceu em forma de campeonato. Destarte, valida-se a eficácia desse jogo enquanto material didático de apoio no ensino de Química perante os resultados obtidos no qual os estudantes souberam responder as perguntas propostas após o conjunto de atividades aplicadas, dentre elas o jogo que culminou na facilitação do saber científico.

Palavras-chave: Jogos. Ensino de Química. Material didático.

INTRODUÇÃO

A Química é uma ciência que não está limitada somente às pesquisas de laboratório e à produção industrial, pelo contrário, está muito presente em nossa rotina das mais variadas formas. Seu principal foco de estudo é a matéria, suas transformações e a energia envolvida nesses processos. Conforme Brown, Lemay e Bursten (2005, p. 2): "A química fornece explicações importantes sobre nosso mundo e como ele funciona. É uma ciência extremamente prática que tem grande impacto no dia a dia". Ela explica diversos fenômenos da natureza e esse conhecimento pode ser utilizado ao nosso favor.

Contudo, verifica-se que os estudantes possuem grande dificuldade em assimilar os conteúdos apresentados em sala de aula, o que ocasiona uma falta de magnitude, tornando-a chata e monótona. A Química é vista por eles como algo que deve ser memorizado e que não se aplica a diferentes aspectos do cotidiano (LEAL, 2009). O professor precisa estar em constante estudo, pesquisar, verificar os meios comprovados para executar as atividades, em suma, refletir no seu fazer pedagógico em prol do saber (SHÖN, 2000).

O professor, visto como detentor do saber, tem buscado adaptar-se a uma nova forma que fuja do modelo tradicional de ensino, no qual preza pela quantidade máxima de conteúdos trabalhados em sala de aula onde a qualidade é deixada de lado. Há a necessidade da elaboração de atividades que fujam do comum em prol da aprendizagem, tendo em conta que o estudo da Química possibilita o desenvolvimento de uma visão crítica do mundo, oportuniza condições para solucionar diversos problemas do cotidiano (LEAL, 2009; LEÃO; SANTOS; SOUZA, 2020).

O professor, como agente estimulador e motor do processo de aprendizagem, deve promover melhorias no seu ensino. É importante que se insira novas práticas a serem aplicadas em sala de aula como forma de diversificar as aulas (VASQUEZ, 1977). Diversos meios podem promover um ensino que considere o estudante como sujeito ativo, como por exemplo o uso de jogos didáticos e da experimentação, fato este evidenciado, por exemplo, nos trabalhos de Felício e Soares (2018), Guedes, Marranghelo e Callegaro (2020), Murcia (2005) e Silva Júnior e Pires (2019).

REFERENCIAL TEÓRICO

Conforme Astolfi e Develay (1995), um dos estilos próximos da pedagogia tradicional é a aprendizagem por transmissão-recepção, explicada pelo modelo pedagógico por investigação-estruturação. O diálogo entre professor e aluno gira em torno apenas do primeiro que orienta por completo as atividades. Esse ensino remete a decorar o estudo em questão e os estudantes são induzidos a isso, uma vez que a resposta é objetiva do fenômeno.

Nesse viés, o diálogo entre professor e estudante gira em torno apenas do primeiro que orienta por completo as atividades. A capacidade de argumentação, reflexão e contextualização é desconsiderada. O estudante não pode ser tratado como um mero ser que apenas retém a informação pronta, isso acaba prevalecendo uma apreensão do conhecimento de forma acrítica (ASTOLFI; DEVELAY, 1995; BACHELARD, 1971).

Uma proposta que auxilia para a mudança do ensino tradicional é o uso de jogos educativos, ou seja, ligados à área da educação. A inserção deles não leva à facilitação de uma memorização de assunto, mas a indução ao raciocínio, a reflexão. A utilização deles para ensinar ou fixar conceitos propostos em sala de aula pode ser uma alternativa para o estudante despertar seu interesse e a motivação necessária para uma melhor aprendizagem (FELÍCIO; SOARES, 2018).

Com uma boa construção do jogo e planejamento junto com os estudantes, a consequência natural é a motivação. Na visão do lúdico, deve-se enfatizar que a atividade divertida provoca um marco na ocasião, sendo motivada pelo estado de bom ânimo que é vivida pelos sujeitos que participam. Os conceitos e a atividade aliados acabam por ser indissociáveis (MURCIA, 2005).

Além disto, estas atividades auxiliam para o acréscimo de aptidões e habilidades, desenvolvendo ainda a motivação dos estudantes perante as aulas de Química, pois o lúdico é integrador de várias dimensões, como a afetividade, o trabalho em grupo e das relações com regras pré-definidas, promovendo a construção do conhecimento cognitivo, físico e social. Aprender e ensinar brincando favorece um relacionamento e companheirismo, uma troca de experiências (OLIVEIRA, 2005).

Por meio do processo de aprendizagem do próprio jogo, do domínio das regras e da elaboração de estratégias, o estudante tem a capacidade de transpor sua relação com as situações de aprendizagem, com o seu desejo de buscar novos conhecimentos. Segundo Murcia (2005), tem a capacidade lidar com a frustração do não saber, com alternativas entre vitórias e derrotas. Fato esse evidenciado no trabalho de Silveira, Vasconcelos e Sampaio (2019) cujo jogo intitulado de MixQuímico corroborou no ensino-aprendizagem através da busca de novos saberes de forma lúdica e em equipe, onde houve evolução de conceitos já adquiridos pelos participantes.

A atividade lúdica surge como recurso que oferece estímulo e integra ao meio o desenvolvimento espontâneo e criativo no âmbito escolar. Ao corpo docente, propicia a ampliação de técnicas ativas de ensino aumentando sua capacidade pessoal e profissional, no qual o estimula a recriar sua prática pedagógica. Em concordância com Oliveira (2005), utilizar e desenvolver o brincar permite a construção de um mundo de sentimentos e ações que representam o lado afetivo, social e crítico, quando são trabalhadas as características sociais e psicológicas dos indivíduos.

METODOLOGIA

Optou-se por uma abordagem que tange a uma perspectiva de caráter interpretativa. Esse estudo, como ocorre dentro de uma abordagem qualitativa, foi desenvolvido em situação natural de ensino e aprendizagem sem atrapalhar o andamento das atividades na escola (MEIRINHOS; OSÓRIO, 2010).

Conforme Sá e Queiroz (2010), é importante a prática da argumentação acerca da atividade para melhor compreensão do saber científico. Essa prática é utilizada normalmente para justificar ou refutar uma opinião. Atividades que preparem para esse fim podem concorrer para a formação de sujeitos ativos, seja na Educação Básica ou no Ensino Superior. Gil (2002) aponta que esse tipo de estudo não aceita um roteiro rígido para a sua delimitação, porém, é necessário seguir uma estratégia para atingir aquilo que se almeja. O estudante deve trilhar o caminho em prol de algo, no caso, de sua aprendizagem, no qual deve atuar como sujeito ativo no processo a seguir.

As formas de obtenção da coleta de dados podem ser por meio de entrevistas, documentos pessoais, observações, discussão de documentos, dentre outros. O procedimento de análise e interpretação são os mais variados possíveis em que o processo envolve diferentes maneiras de estudo e isso condiz com essa abordagem (FLICK, 2009). Um dos instrumentos de pesquisa utilizados foram as entrevistas. A entrevista, para Bogdan e Biklen (1994), possibilita recolher dados descritivos na linguagem do próprio sujeito, permitindo que se desenvolva uma ideia intuitiva acerca de como o entrevistado interpreta determinados aspectos no qual está inserido.

O importante na abordagem qualitativa é ser objetivo, permitindo aos instrumentos de trabalho uma mediação entre a teoria e a metodologia com a realidade empírica. A amostra de um grupo é válida nesse tipo de abordagem que é representativa, ou seja, condiciona ao estudo do fenômeno de maneira que possa atingir o objetivo almejado na pesquisa (MINAYO, 2002).

A reflexão do pesquisador é essencial para a coleta de dados, assim como a variedade de abordagens e métodos utilizados. Os métodos qualitativos consideram o pesquisador como fator fundamental para a análise dos dados. A subjetividade dele assim como dos sujeitos participantes torna-se parte do estudo (FLICK, 2009). A pesquisa qualitativa requer investigação, interpretação e compreensão. A coleta de dados segue como um caminho intuitivo (LÜDKE; ANDRÉ, 1986).

Colocou-se como sugestão a criação do jogo. Aplicou-se para 40 estudantes do curso Técnico de Agrimensura. Eles se disponibilizaram em participar da pesquisa e todos são da 1° série do Ensino Médio de uma escola estadual profissionalizante em Fortaleza-Ceará. Essa turma foi escolhida pelo fato de um grupo de estudantes terem aceitado a proposta da execução da atividade. Os assuntos abordados de Química foram tabela periódica e ligações químicas interatômicas. Para coleta de dados escolheu-se de forma aleatória o tema Tabela Periódica para ter elementos fornecedores da pesquisa.

Uma das atividades propostas é que os estudantes deveriam escrever o nome e o símbolo de 25 elementos químicos escolhidos pelo pesquisador. O critério de escolha pautou-se nos elementos mais conhecidos presentes na sociedade assim como aqueles que foram citados nas aulas dadas. Os estudantes também deveriam informar quais elementos são metálicos.

A resposta correta da questão não foi informada pois eles iriam respondê-la novamente após a aplicação do jogo. Dessa forma será verificado se a atividade contribuiu na apreensão do saber. No decorrer do processo o professor assume a função de mediador, incentivando também a cooperação e discussões (MIRANDA, 2002).

A aplicação de um questionário de forma normalizada, instrumento escolhido para coleta de dados, estruturado a fim de facilitar a discussão das análises realizadas no decorrer das atividades, foi aplicado no final da pesquisa com todos os sujeitos participantes cujo intuito foi discutir os aspectos que podem ser melhorados e aperfeiçoados através deste recurso.

O roteiro metodológico desta investigação foi dividido em quatro etapas: na primeira etapa aconteceram aulas sobre os assuntos propostos a fim de corroborar com a compreensão do saber. Foram 4 aulas teóricas com carga horária total de 8 horas e nesse período discutiu-se a forma de confecção do jogo com 5 estudantes que se dispuseram a colaborar; na segunda etapa foi a construção dele assim como a escolha dos elementos e substâncias mais presentes do cotidiano; na terceira aconteceu a realização do campeonato onde os três primeiros colocados receberam premiações; na quarta etapa foi aplicado um questionário subjetivo para análise do jogo QuiVelha.

PROCESSO DE CONSTRUÇÃO E APLICAÇÃO DO JOGO

O jogo escolhido pelos alunos foi o clássico jogo da velha e os materiais utilizados para a sua construção foram os seguintes: isopor, tesoura, régua, lápis, borracha, papel duplex, canetinha, cola, cola de isopor e papel 60kg. O comprimento e a largura do isopor ficam sob critério da pessoa que for construir a depender do tamanho que achar conveniente. Os estudantes denominaram o jogo como QuiVelha. Abaixo segue a Figura 1 com o registro da construção do jogo:

Figura 1: Processo de construção do jogo QuiVelha

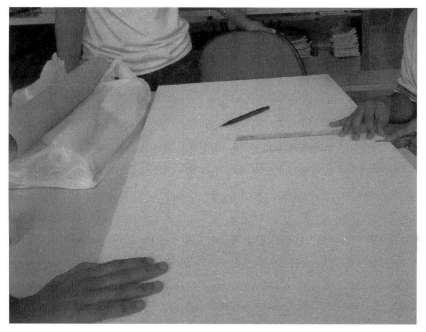

Fonte: Autores, 2019.

O formato é o mesmo proposto pelo jogo original, no qual ganha aquele que formar primeiro uma linha com três símbolos iguais, seja ela na horizontal, vertical ou diagonal. Nessa adaptação, só poderá marcar o símbolo X ou o símbolo "bola" no local apropriado caso o competidor saiba responder alguma pergunta proposta, alternadamente, que são no total 9. O pesquisador foi responsável em acompanhar o andamento da atividade. Segue abaixo o jogo elaborado através da Figura 2:

Figura 2: Jogo QuiVelha elaborado

Fonte: Autores, 2019.

O número de jogadores por partida pode ser a quantidade que achar conveniente. A atividade consistiu em um campeonato através de três etapas: na primeira etapa deveriam informar o nome dos elementos químicos, na segunda identificar se é metálico ou não metálico e a última etapa deveriam indicar qual era o tipo de ligação interatômica, que no caso pode ser iônica (entre metal e ametal), covalente (entre ametais) ou metálica (metais) (BROWN; LEMAY; BURSTEN, 2005).

Os elementos e as substâncias químicas foram confeccionados utilizando papel 60 kg por ser mais resistente. Veja a Figura 3 o momento da elaboração:

Figura 3: Elaboração dos elementos e substâncias

Fonte: Autores, 2019.

Na aplicação do jogo os estudantes foram divididos em duplas em que um membro poderia consultar a internet, caso fosse necessário, apenas uma vez para dar a resposta ao parceiro no momento do jogo. Há uma crescente divulgação e disseminação em favor do uso do computador e da internet no processo educativo. Papert (1985) afirma que o computador é um recurso privilegiado pois simula o funcionamento da própria mente, órgão com que se aprende no qual se torna uma ferramenta muito útil ao estímulo da criatividade e raciocínio.

Lemke (2006) assinala como uma das propostas no âmbito escolar a exploração dos recursos educacionais existentes na internet. O uso do celular no processo de ensino-aprendizagem, caso não haja computador, pode ser utilizado em detrimento do saber. O trabalho de Sulzbacher (2019) ratifica a contribuição da internet dentro do ensino de Química através da utilização da Tabela Periódica interativa com resultados positivos.

Vale destacar a presença constante do pesquisador no momento da aplicação. O campeonato foi realizado na própria sala de aula. Caso não soubesse da resposta perderiam a vez de jogar ocasionando vantagem, a priori, a outra dupla. A dupla que ganhasse a partida era classificada para a próxima fase da disputa, até que restasse uma dupla vencedora. Os estudantes que não foram contemplados de imediato no campeonato assistiram à execução do jogo.

RESULTADOS E DISCUSSÃO

Após as aulas teóricas a questão proposta foi aplicada para análise dos dados, 75% dos estudantes, no caso 30, não souberam expor a resposta correta conforme a aplicação. Atentando para a segunda temática escolhida na pesquisa, pode-se afirmar que essa lacuna interferirá o entendimento na identificação do tipo de ligação química interatômica existente nas substâncias haja vista ser imprescindível identificar essas características. A resolução da questão aconteceu em sala de maneira individual.

Diante disso, é necessário que haja outra intervenção em sala a fim de facilitar a aprendizagem do assunto proposto através da utilização de outros recursos metodológicos onde entra a reflexão do professor. É o momento de investigar os acontecimentos surgidos no contexto da ação para uma possível nova orientação, ou seja, refletir sobre sua ação (SHÖN, 2000). Desta maneira Freire (1996) acredita que o professor deve ser um inventor, ousado, curioso, persistente, aceitar o novo, mudar e promover mudanças.

O uso do jogo ganha espaço como ferramenta de aprendizagem na proporção que estimula o interesse do estudante, fomenta níveis diferentes de experiência pessoal e social, ajuda a elaborar novas descobertas, desenvolve e enriquece sua personalidade, e configura um instrumento pedagógico que leva o professor à condição de condutor, estimulador e avaliador da aprendizagem (POZO, 1998).

O jogo está na origem do pensamento, no descobrimento de si mesmo, da possibilidade de testar, de produzir e de mudar o mundo, pois, há hoje, amplas ferramentas e fontes de informações que podem atualizar e orientar o educando (ALMEIDA, 2004; GUEDES; MARRANGHELLO; CALLEGARO, 2020). O ensino tradicional, voltado a atividades mecânicas que o estudante não participa ativamente das aulas, não pode ser tomado como foco no âmbito escolar perante a insatisfação nesse processo, onde nem todos aprendem da mesma forma, logo é necessário ressignificar as atividades propostas (FELÍCIO; SOARES, 2018).

As aulas antes da aplicação do jogo foram de suma importância para facilitar na compreensão do assunto atentado para os conceitos prévios dos estudantes, a julgar por a maioria não ter respondido corretamente a atividade proposta. O jogo QuiVelha teve acompanhamento do pesquisador no percurso da atividade. Segue a Figura 4 um momento da aplicabilidade.

Figura 4: Momento de aplicação do jogo

Fonte: Autores, 2019.

Após a realização do jogo, verificou-se que todos os participantes acertaram a questão feita no início da pesquisa. Eles durante o jogo foram se ajudando na resolução. Foi possível inferir que o jogo QuiVelha propiciou o equilíbrio entre os conceitos novos e os já existentes, ao permitir ao estudante o agir com o mundo e retirar desta relação novas informações, as quais possibilitam a interpretação deste, gerando novas experiências.

Considerar aquilo que o sujeito sabe no âmbito escolar condiz com a Teoria da Aprendizagem Significativa (TAS) proposta por David Paul Ausubel. A TAS é uma proposição do cognitivismo que foi concebida por Ausubel desde a década de 1960 no século XX. A Aprendizagem Significativa

(AS) é aquela em que uma nova informação, que pode ser um conceito, ideia, interage com aquilo que o sujeito já sabe de uma maneira não-literal com uma ideia prévia já existente na sua estrutura cognitiva (MOREIRA 2011).

O jogo QuiVelha mostrou-se como material potencialmente significativo ao facilitar o processo de apreensão no qual houve uma melhor compreensão do conteúdo. Isso diz respeito à uma das condições da TAS. Os estudantes construíram mais adequadamente os conceitos relacionados aos conteúdos abordados, em que os novos conhecimentos foram se modificando, ganhando significados perante os acertos observados (MOREIRA, 1999).

Outra condição é a pré-disposição em aprender assim como estar motivado dentro do processo de ensino-aprendizagem (MOREIRA, 2011). Segundo Felício e Soares (2018) o uso dos jogos são de suma importância no ensino de Química pois despertam o interesse, no qual é necessário que o estudante queira de fato fazer parte da atividade pois caso contrário o jogo não terá caráter educativo, mas sim um material didático sem significado, sem ludicidade.

O jogo utilizado no trabalho de Sales *et al.* (2018) colaborou no processo de entendimento dos conceitos referentes ao conteúdo de Equilíbrio Químico, possibilitando também uma construção efetiva do saber. Os autores destacam a necessidade dos professores se prepararem antes para que o jogo proposto tenha significado. Em relação à pesquisa de Guedes, Marranghello e Callegaro (2020) pautou-se no tema Astronomia voltado ao ensino de Química e também o de Física através da Aprendizagem Baseada em Equipes onde foi observado motivação no qual o jogo foi atrativo e pertinente na compreensão do assunto.

A aplicação dessa atividade requer um bom planejamento para que seja vista com significado, que faça sentido em prol do dinamismo e, principalmente, do aprendizado do saber científico. É primordial reconhecer o símbolo e o nome dos elementos químicos para o entendimento de assuntos posteriores, como no caso das ligações químicas interatômicas. Esses conteúdos podem se tornar leves com o uso do QuiVelha no qual de fato o processo de compreensão acontece pela brincadeira sem que haja uma cobrança e rigor na apresentação do conteúdo.

De acordo com a aplicação de um questionário em que deveriam explanar os aspectos positivos e negativos do jogo, verificou-se que 100% afirmaram que tiveram um aprendizado mais significativo e diferenciado em razão da atividade ser prazerosa em que instiga a criatividade, interação e dinamização. Não houve citação de aspectos negativos. O jogo esteve presente em todas as civilizações, um meio que auxilia a comunicação, deve ser aplicado no intuito de ensinar, praticar e compartilhar ideias, isso define o aspecto relevante de sua utilização (MURCIA, 2005).

Merece destaque a resposta do sujeito 12: "o jogo foi bem bacana pois eu começava a lembrar dos elementos de maneira fácil e sabia o tipo de ligação das substâncias de forma que nem notei que estava aprendendo". O processo de interação entre os saberes já existentes e adquiridos é interativo e dinâmico, logo o novo saber vai adquirindo novos significados e o conhecimento vai sendo construído em prol de uma AS (MOREIRA, 2011). Tanto a disposição em aprender ficou evidente como o jogo foi potencialmente significativo perante a pesquisa.

O estudante interessado em aprender facilitará seu processo de aprendizagem que será de forma natural, espontânea. O jogo deve apresentar um caráter voluntário, sem que haja pressão daqueles que jogam. Um ambiente de jogo de interação e de criatividade propiciaria a aprendizagem com o seu máximo objetivo, com sentido e significação, no qual, o "gostar" e o querer estariam presentes (MURCIA, 2005). A relação do jogo com os conteúdos de Química, como uma nova abordagem de ensino, poderá ser uma opção para um melhor apreço pela ciência química.

Em relação a fala do sujeito 30: "a presença do professor foi boa no jogo todo para guiar e ajudar no cumprimento das regras do jogo que foi muito massa e trouxe assuntos que já estudamos e eu lembrava o local que o elemento é usado". Vale retomar a importância do professor no processo, ele deve observar, analisar, gerir, regular e avaliar as situações pedagógicas. O profissional será uma base para o futuro do estudante, no qual este terá uma visão de um comportamento possível que ele terá, existindo uma troca de representações (ASTOLFI; DEVELAY, 1995). Um jogo lúdico interligado a um bom desempenho do professor é um ótimo caminho para o meio educacional que vise ao saber de forma leve e eficaz.

CONSIDERAÇÕES FINAIS

Quando o jogo é visto apenas como método repetitivo, no qual o estudante aprende por memorização, foge completamente da característica que define a aprendizagem. Nesse caso, o jogo QuiVelha utilizado através de um campeonato foi ao contrário, ou seja, proporcionou uma atividade diferenciada e com foco no saber científico. Esse jogo pode ser utilizado em qualquer escola e qualquer série, ficando a critério do professor mudar ou não suas regras.

É possível identificarmos que o jogo, em geral, demonstra grande relevância como uma atividade complementar e como recurso pedagógico para auxiliar no ensino de Química. Algumas melhorias, sempre serão necessárias para adaptar-se ao público em que se trabalha e ao contexto em que se insere cada conteúdo proposto. Contudo, o mais importante é que se o professor, ao utilizar esta ferramenta tenha plena consciência da melhor forma de seu uso, tratando com seriedade e planejamento, para que o foco educacional não seja esquecido.

Diante dessa pesquisa, foi possível perceber que os estudantes interagiram muito bem e reforçaram o conteúdo visto em sala de aula. Todos aprovaram o formato do jogo. Portanto, o jogo QuiVelha aplicado foi lúdico onde o conteúdo pode ser revisado de uma maneira diferente.

REFERÊNCIAS

ALMEIDA, Maria Elizabeth Bianconcine de. **O educador no ambiente virtual:** concepções, práticas e desafios. Fórum de Educadores. São Paulo: SENAC, 2004.

ASTOLFI, Jean-Pierre; DEVELAY, Michel. **A Didática das Ciências**. Campinas: Papirus, 1995.

BACHELARD, Gaston. **A Epistemologia**. O saber da Filosofia. Edições 70. Rio de Janeiro. 1971.

BOGDAN, Robert C.; BIKLEN, Sari Knopp. **Investigação qualitativa em educação:** uma introdução à teoria e aos métodos. Portugal: Porto Editora, 1994.

BROWN, Theodore; LEMAY, H. Eugene; BURSTEN, Bruce E. **Química:** a Ciência Central. 9.ed. Prentice-Hall, 2005.

FELÍCIO, Cinthia M.; SOARES, Márlon H. F. B. Da intencionalidade à Responsabilidade Lúdica: novos termos para uma reflexão sobre o uso de jogos no ensino de química. **Química nova na escola**, v. 40, n. 3, p. 160-168, 2018.

FLICK, Uwe. **Introdução à pesquisa qualitativa.** Porto Alegre: Artmed, 2009.

FREIRE, Paulo. **Pedagogia da Autonomia:** Saberes necessários à prática educativa. 7.ed. São Paulo: Paz e Terra, 1996.

GIL, Antônio Carlos. **Como elaborar projetos de pesquisa.** São Paulo: Atlas, 2002.

GUEDES, Sharon Geneviéve Araujo; MARRANGHELLO, Guilherme Frederico; KIMURA, Rafael Kobata. APRENDIZAGEM BASEADA EM EQUIPES E JOGOS EDUCACIONAIS: INTEGRANDO A FÍSICA E A QUÍMICA ATRAVÉS DA ASTRONOMIA. **Revista ENCITEC**, v. 10, n. 3, p. 115-137, 2020.

SILVA JÚNIOR, Walmir Araújo; PIRES, Diego Arantes Teixeira; A química dos refrigerantes em uma abordagem experimental e contextualizada para o ensino médio. **Revista Scientia Plena**, v. 15, n. 3, 2019.

LEAL, Murilo Cruz. **Didática da Química**: Fundamentos e práticas para o ensino médio. Belo Horizonte: Dimensão, 2009.

LEÃO, Dayana Fernandes; SANTOS, Thyego Mychell Moreira; SOUZA, Rita Rodrigues de. O olhar do aluno sobre o contexto do estudo da química e da possibilidade de transformação. **Revista de Educação Pública**, v. 29, n. 1, p. 1-20, 2020.

LEMKE, Jay L. Investigar para el futuro de la educación científica: nuevas formas de aprender, nuevas formas de vivir. **Enseñanza de las ciencias**, v. 24, n. 1, p. 5-12, 2006.

LUDKE, Menga; ANDRÉ, Marli E. D. A. **Pesquisa em educação:** abordagens qualitativas. São Paulo: EPU, 1986.

MEIRINHOS, Manuel; OSÓRIO, António. O estudo de caso como estratégia de investigação em educação. **EduSer:** revista de educação. v. 2, n. 2, p. 49-65. 2010.

MINAYO, Maria Cecília de Souza. **Pesquisa Social:** Teoria, Método e Criatividade, 22. ed. Petrópolis, Rio de Janeiro; Vozes, 2002.

MIRANDA, Simão de. No Fascínio do jogo, a alegria de aprender. In: **Ciência Hoje**, v. 28, n 8, Brasília, p. 21-34, 2002.

MOREIRA, Marco Antonio. **Aprendizagem Significativa**: a teoria e textos complementares. São Paulo: Livraria da Física, 2011.

MOREIRA, Marco Antonio. **Aprendizagem Significativa.** Brasília: Editora Universidade de Brasília, 1999.

MURCIA, Juan Antonio Moreno. **Aprendizagem Através do Jogo**. Porto Alegre: Artmed, 2005.

OLIVEIRA, Maria Izete de. **Indisciplina Escolar:** determinantes, consequências e ações. Brasília: Líber Livros Editora, 2005.

PAPERT, Seymour M. **Logo:** computadores e educação. São Paulo: Brasiliense, 1985.

POZO, Juan Ignacio. **Teorias Cognitivas da Aprendizagem**. Porto Alegre: Artes médicas, 1998.

SALES, Mariane França de; SOUZA, Gahelyka Aghta Pantano; SILVA, Adriano Antonio; SILVA, Kennedy Lima da. Um jogo didático para o ensino de química: uma proposta alternativa para o conteúdo de equílibrio químico. **South American Journal of Basic Education, Technical and Technological**, v. 5, n. 2, p. 1-13, 2018.

SÁ, Luciana Passos; QUEIROZ, Salete Linhares. **Estudo de casos no ensino de química.** Campinas, SP: Editora Átomo, 2010.

SHÖN, Donald A. **Educando o profissional reflexivo:** um novo design para o ensino e a aprendizagem. Porto Alegre: Artes Médicas, 2000.

SILVEIRA, Felipe Alves; VASCONCELOS, Ana Karine Portela; SAMPAIO, Caroline de Goes. Análise do jogo MixQuímico no ensino de química segundo o contexto da teoria da aprendizagem significativa. **Revista Brasileira de Ensino de Ciência e Tecnologia**, v. 12, n. 2, p. 248-269, 2019.

SULZBACHER, Rosalva. Contribuições da ferramenta tabela periódica interativa para o ensino de química em ciências. **Revista Insignare Scientia,** v. 2, n. 3, p. 255-261, 2019.

VASQUEZ, Adolfo Sánchez. **Filosofia da Práxis.** Rio de Janeiro: Paz e Terra, 1977.

CAPÍTULO 4

A FORMAÇÃO DE PROFESSORES DE QUÍMICA SOB A ÓTICA DA PRÁTICA COMO COMPONENTE CURRICULAR NO IFCE – CAMPUS MARACANAÚ

Álamo Lourenço de Souza
João Guilherme Nunes Pereira
Caroline de Goes Sampaio

Resumo

Atualmente, a formação docente não comporta mais os antigos modelos de formação baseados nos moldes tecnicistas, como o modelo de formação 3 + 1. Demandas sociais levaram às reformas educacionais que cultivaram maiores aproximações entre os conceitos teóricos e a prática docente. A Prática como Componente Curricular (PCC) surgiu a partir dessa demanda, incluindo um conjunto de atividades formativas que estruturam os saberes docentes dos licenciandos. Desse modo, esta investigação almejou avaliar a compreensão dos alunos sobre a PCC nas disciplinas experimentais de Química do curso de Licenciatura em Química do IFCE – *Campus* Maracanaú. Para isso, realizou--se um estudo de caso, em que foi aplicado um questionário com os alunos do 2º ao 5º semestre do curso versado, no intuito de recolher dados a respeito da PCC, se estes a conheciam, e se ela era evidenciada nas disciplinas do curso. Desses sujeitos, constatou-se que 62,96% dos participantes acreditava que somente o fato de ministrar aulas no laboratório não era suficiente para que os licenciandos soubessem manipular didaticamente os processos desse ambiente. Além disso, 87,04% revelou ser um dever dos professores das disciplinas experimentais ensinar os licenciandos a ensinar no laboratório e 90,74% afirmou ser necessário implementar uma disciplina própria para isso no currículo da Licenciatura em Química. À medida representativa, acredita-se que a PCC do curso ainda não conseguiu de forma prática ultrapassar efetivamente os currículos das disciplinas. Por fim, recomenda-se a realização de outras investigações com os professores das disciplinas experimentais para averiguar os significados da PCC e suas possíveis aplicações na formação dos licenciandos.

Palavras-chave: Ensino de Química. Formação de Professores. Prática como Componente Curricular.

INTRODUÇÃO

A profissão docente requer atitudes condizentes com os diversos tipos de situações que o agente educador enfrentará em sua laboração pedagógica (PERRENOUD, 2000). Para se ter a compreensão dessas atitudes, a formação inicial dos professores, por exemplo, perpassa uma gama de disciplinas cursadas durante seus anos de graduação, as quais fornecem embasamento teórico para encarar com materialidade as situações do cotidiano escolar (TARDIF, 2006). Apesar disso, o múnus do "ensinar a ensinar" ultrapassa os limites curriculares das disciplinas de caráter pedagógico nos cursos de licenciatura, chegando às perspectivas formativas das disciplinas nas áreas específicas, como é o caso das disciplinas teóricas e experimentais de Química pura.

Ao longo do curso de Licenciatura em Química do IFCE – *Campus* Maracanaú, são cursadas disciplinas experimentais de Química, que, dentre seus objetivos, buscam fazer com que estudantes desenvolvam conhecimentos acerca dos procedimentos e os métodos inerentes ao laboratório, observando os fenômenos químicos e as reações apresentadas durante as aulas teóricas (IFCE, 2017).

Tais disciplinas tomam rumos técnico-científicos durante a formação dos licenciandos, algumas vezes, os distanciando de aplicações pedagógicas em sua formação como professores de Química. Com vias a contornar esse entrave, foi aprovada em 2017 uma nova grade curricular para o curso de Licenciatura em Química no IFCE – *Campus* Maracanaú, produto da padronização curricular entre os campi do Instituto Federal de Educação, Ciência e Tecnologia do Ceará (IFCE), que estipulou a realização das Práticas como Componente Curricular (PCC) (IFCE, 2017).

Nesses preceitos, esta pesquisa objetivou avaliar a compreensão dos alunos sobre a PCC nas disciplinas experimentais de Química do curso de

Licenciatura em Química do IFCE – *Campus* Maracanaú. Para isso, desenvolveu-se um estudo de caso, em que foi aplicado um questionário com alunos do 2º ao 5º semestre do curso versado, no intuito de recolher dados a respeito da PCC, se estes a conhecem, e se ela foi evidenciada nas disciplinas do curso.

Este ensaio está descrito em quatro (04) seções. A primeira traz uma discussão teórica a respeito da formação dos professores de Química e suas relações com a Prática como Componente Curricular (PCC). A segunda expõe os procedimentos metodológicos usufruídos neste estudo. Na terceira, apresenta-se os resultados encontrados ao término da pesquisa. E, por fim, a última seção delimita as considerações finais dos autores.

A Prática como Componente Curricular e a Formação dos Professores de Química

Em relação aos outros países do Novo Mundo, o Brasil teve um sistema de ensino tardiamente implantado, sistema esse que beneficiou uma minoria da população (CHASSOT, 1996; PORTO; KRUGER, 2013). E, por muito tempo, as reformas no modelo educacional brasileiro foram parcamente significativas, até que, na década de 1970, discussões a respeito das práticas de ensino e seus impactos pedagógicos foram iniciadas. Constatou-se, naquele período, que a educação brasileira não mais suportava os paradigmas provenientes da racionalidade técnica, como o modelo de formação 3 + 1, aspecto que demandava mudanças no âmbito da formação de professores, estabelecendo um parâmetro próprio aos cursos de licenciatura no Brasil, a implementação da Prática como Componente Curricular.

Do modelo 3 + 1 ao surgimento da PCC

Os cursos de formação de professores no Brasil encararam, durante vários anos, um modelo de formação baseado na racionalidade técnica que perdurou do século XVI até o século XX. O modelo 3 + 1 garantia que os três primeiros anos do curso de graduação fossem direcionados à formação técnica e específica, inerente ao curso do aluno, sendo o último ano dedicado à sua formação pedagógica (MARTINS; WENZEL, 2017).

De acordo com Pereira e Mohr (2013), o modelo 3 + 1 traria o bacharelado como uma escolha natural durante a trajetória curricular dos estudantes, enquanto a licenciatura seria concretizada apenas na sequência final do curso, similar a um apêndice. Ainda, segundo os autores, tais consequências levaram à displicência na formação docente, enquanto os enfoques estavam voltados à formação do profissional como, por exemplo, historiador, químico ou matemático. A imagem desse modelo com bases tecnicistas trouxe a necessidade de inúmeras mudanças devido ao seu caráter antagônico com alusão à dualidade teoria-prática.

Martins e Wenzel (2017) afirmam que a divisão entre conhecimentos específicos e conteúdos didático-pedagógicos, resquícios provenientes do modelo de formação 3 + 1 tecnicista, vem sendo objeto de críticas no Brasil desde a década de 1970. Isso se tornou claro quando se expôs a preocupação de integrar conteúdos ao currículo dos licenciandos que estivessem ligados ao exercício da docência no Parecer CFE nº 349/1972 (BRASIL, 1972). Aliás, esse Parecer trouxe as primeiras concepções e utilizações do termo Prática de Ensino, relativo à literatura abordada, quando se referiu à formação dos professores.

Nas décadas seguintes ao Parecer CFE nº 349 de 1972, sucederam-se diversas outras tentativas de explicitar o termo "Prática de Ensino" que, na época, foi pouco compreendido. Segundo Calixto e Kiouranis (2017), muitos professores/pesquisadores tiveram suas teorias legitimadas por meio de políticas curriculares, ligadas às inegáveis demandas sociais que trouxeram suporte para o prosseguimento dos estudos a respeito dos saberes docentes, desencadeando a criação de novas Leis e Pareceres que alteraram, posteriormente, o cenário das licenciaturas no Brasil.

Pereira e Mohr (2013) defendem que a Lei 9.394, Lei de Diretrizes e Bases da Educação Nacional (LDBEN) de 1996, junto com a subsequente edição dos Parâmetros Curriculares Nacionais (PCNs), trouxe à Educação Básica do Brasil novas características pedagógicas. Consequentemente, os currículos do Ensino Superior também foram reformulados, particularmente os aspectos de formação dos licenciandos, que, posteriormente, seriam os mediadores das aprendizagens desenvolvidas pelos estudantes na Educação Básica. Assim, através do artigo 65 da Lei 9.394/96, foram expressas informações acerca da inclusão de, no mínimo, 300 horas como práticas de ensino (BRASIL, 1996).

A Prática como Componente Curricular: Algumas Reflexões

A Prática como Componente Curricular (PCC) surgiu para reformular o ensino e a formação de professores da Educação Básica e do Ensino Superior no Brasil, esferas que anteriormente eram envolvidas na presença dos modelos de formação baseados na racionalidade técnica. Observou-se, segundo os documentos oficiais, que a PCC emergiu se diferenciando dos estágios realizados nas licenciaturas, uma vez que buscava a assimilação entre teoria e prática durante as disciplinas específicas da graduação cursada.

No Parecer CFE nº 346/72, anteriormente dissertado, viu-se uma das primeiras utilizações do termo "Prática de Ensino" em um documento oficial de Governo que retrata a educação no Brasil. Esse documento tratou de competências propícias aos cursos de Magistério e, ao falar do "Currículo Mínimo" e da "formação especial", retratou três aspectos importantes, foram eles: Fundamentos da Educação, Estrutura e Funcionamento do Ensino de 1º Grau e Didática (BRASIL, 1972).

No campo da Didática, surge a Prática de Ensino, uma expressão que, por certo tempo, permaneceu mal compreendida. Porém, o próprio Parecer procura explicá-la ao falar da Metodologia do Ensino sob tríplice aspecto, a qual "deverá desenvolver-se sob a forma de estágio supervisionado" (BRASIL, 1972). Logo, entende-se que o termo "Prática de Ensino" constitui as interações sociais dos licenciandos com o ambiente escolar, especialmente na sala de aula, realizando esse processo de forma articulada com seus conhecimentos específicos da área de formação.

Percebe-se, no Parecer citado, um viés constituinte de modelos tecnicistas de ensino, principalmente quando se comenta que os fundamentos da educação devem englobar aspectos biológicos, sociológicos, psicológicos, entre outros. Dentro dos aspectos biológicos, por exemplo, comenta-se que esses devem ser encarados como áreas instrumentais. Por instrumentais, entende-se como um conceito tecnicista, onde o procedimento realizado prevalece sobre os fatores externos da educação.

A PCC não é um estágio supervisionado. Pelo contrário, ao invés de estar no fim do curso de licenciatura, ela se faz presente (dependendo do curso e das suas disciplinas) juntamente com o início das atividades do estudante na Instituição de Ensino Superior (IES). A PCC tem o objetivo de articular teoria e prática, de forma que o licenciando esteja inserido em situações didáticas que desenvolvam mais e mais conhecimentos docentes aprendidos. Silva, Jófili e Carneiro-Leão (2014) citam que a PCC surgiu como um aperfeiçoamento do que a prática de ensino pretendia e que deveria suprir.

O Parecer CNE/CES nº 15/2005 procurou esclarecer alguns pontos referentes às Resoluções CNE/CP 1/2002 e 2/2002 com relação à diferença entre PCC e prática de ensino. Com isso, o Parecer explicitou a intenção da PCC, ao afirmar que:

> [...] a prática como componente curricular é o **conjunto de atividades formativas que proporcionam experiências de aplicação de conhecimentos ou de desenvolvimento de procedimentos próprios ao exercício da docência**. Por meio destas atividades, são colocados em uso, no âmbito do ensino, os conhecimentos, as competências e as habilidades adquiridos nas diversas atividades formativas que compõem o currículo do curso (BRASIL, 2005, p. 3, grifo nosso).

Portanto, vê-se que a PCC é uma tentativa de aperfeiçoamento da educação que procura se integrar à uma determinada disciplina. Ao fazer isso, ela não tem o objetivo de ensinar o aluno algum conhecimento técnico específico, mas procura articular conhecimentos que o aluno já possui e fazer com que ele os aplique mediante atividades relacionadas ao exercício da docência. Ainda, como cita o mesmo Parecer:

> As atividades caracterizadas como prática como componente curricular podem ser desenvolvidas como núcleo ou como parte de disciplinas ou de outras atividades formativas. Isto inclui as disciplinas de caráter prático relacionadas à formação pedagógica, mas não aquelas relacionadas aos fundamentos técnico-científicos correspondentes a uma determinada área do conhecimento (BRASIL, 2005, p. 3).

O documento reitera que as PCC não incluem a formação em disciplinas de caráter técnico-científico. Por exemplo, uma disciplina prática de Química não contabilizaria horas de PCC (referente às 400 horas de PCC expostas no Parecer CNE/CP 28/2001), pois seu objetivo é o de promover uma formação básica específica em Química. No entanto, o documento não proíbe o uso da PCC nesse âmbito. Para contornar isso, podem ser criadas novas disciplinas que utilizem da PCC, ou disciplinas existentes podem ser adaptadas ao seu uso, isto, inclusive, pode ficar à mercê das necessidades de cada curso e de cada instituição (BRASIL, 2005).

Field's *et al.* (2017) realizou uma investigação acerca das opiniões de professores de uma determinada IES a respeito de suas vivências com a PCC na instituição. Nas concepções desses professores, as principais atividades que podem ser desenvolvidas através da PPC são "fichamento ou resumo de livro, seminário, planejamento e desenvolvimento de aulas experimentais, portfólio, construção de material de laboratório alternativo, análise de currículos de cursos de formação básica e tecnológica" (FIELD'S *et al.*, 2017, p. 8). Os autores destacam essas atividades como sendo relacionáveis entre as teorias aprendidas e com as práticas pedagógicas que sustentam as disciplinas trabalhadas na PCC.

METODOLOGIA

A presente pesquisa caracteriza-se como um estudo de caso, no qual foi aplicado um questionário com 54 estudantes do curso de Licenciatura em Química presente no Instituto Federal do Ceará (IFCE) – *Campus* Maracanaú. Esse instrumento foi composto por três (03) indagações específicas, elementos que serviram para analisar os dados acerca da aplicação da PCC nas disciplinas experimentais do curso e estruturar uma discussão inicial. Um estudo de caso "tem como base o desenvolvimento de um conhecimento idiográfico, isto é, que enfatiza a compreensão dos eventos particulares (casos)" (ANDRÉ, 1984, p. 52). Ainda nesses preceitos, "o 'caso' é assim um 'sistema delimitado', algo como uma instituição, um currículo, um grupo, uma pessoa, cada qual tratado como uma entidade única, singular" (ANDRÉ, 1984, p. 52).

Para o tratamento dos resultados, realizou-se levantamentos qualitativos. Escolheu-se a abordagem qualitativa como tratamento para a pesquisa, pois "nesses estudos, o principal instrumento de investigação é o pesquisador" (LIMA; PAGAN; SUSSUCHI, 2015, p. 83). Além disso, acredita-se que a abordagem qualitativa traria maiores possibilidades de discussão dos resultados da pesquisa, que são, em sua maioria, de caráter subjetivo. Certamente, a abordagem qualitativa "permite que a imaginação e a criatividade levem os investigadores a propor trabalhos que explorem novos enfoques (GODOY, 1995, p. 23).

RESULTADOS

O questionário foi subdividido em três perguntas objetivas, essenciais para o entendimento da opinião dos 54 discentes sobre as disciplinas experimentais da Licenciatura em Química do IFCE – *Campus* Maracanaú. A Tabela 1, subsequente, exprime os dados obtidos através de porcentagens estabelecidas consoante as respostas.

Tabela 1 – Quantitativo de respostas dos discentes entrevistados

Pergunta	Sim	Não	Sem informação
1. Você acha que as aulas de laboratório são suficientes para que o licenciando saiba como manipular este ambiente?	37,04%	62,96%	0%
2. Cabe aos professores das disciplinas experimentais ensinarem o aluno a ministrar aulas no laboratório?	87,04%	11,11%	1,85%
3. Você acha que deveria existir uma disciplina própria para essas finalidades?	90,74%	7,41%	1,85%

Fonte: Elaborada pelos autores (2023).

Verificou-se que 87,04% dos alunos entrevistados acreditavam que os professores das disciplinas experimentais têm o dever de ensinar a ensinar no laboratório, uma porcentagem bastante expressiva para essa pergunta, ficando atrás somente dos 90,74% que afirmaram acreditar que deveria existir uma disciplina voltada exclusivamente para ensinar a ensinar dentro do laboratório. Dentre os dados, essa foi a maior porcentagem obtida e representou uma vontade quase unânime entre os alunos.

A PCC se insere como um parâmetro que aprecia a realização de atividades que articulam a teoria com a prática e que valorizam a formação docente do licenciando de forma contínua, durante o curso das disciplinas. Desse modo, a PCC inclui o ato de aprimorar as disciplinas já existentes, procurando transformá-las em um ambiente que os discentes da licenciatura se identificam ao longo de sua formação docente, estruturando em um *lócus* onde a formação do novo professor se desenvolve de forma contínua através da articulação entre teoria e prática (SILVA; JÓFILI; CARNEIRO-LEÃO, 2014).

A primeira pergunta é similar à terceira questão, porém expressou mais diretamente alguns aspectos, por exemplo, ao indagar os licenciandos se as disciplinas experimentais presentes na grade curricular do curso eram suficientes para suprir subsídios de aprendizagem adequados para lidar pedagogicamente com o ambiente de laboratório. Verificou-se que a maioria dos estudantes entrevistados, 62,96%, não acreditava que as aulas de laboratório eram suficientes para suprir tais necessidades. Outra parcela, 37,04%, acreditava que elas eram suficientes. De modo geral, tais números possibilitam expor que a escassa quantidade de aulas práticas e o limitado direcionamento docente durante as disciplinas experimentais, no momento desta pesquisa, não supriu a necessidade de desenvolver os saberes docentes dos participantes.

Portanto, a inclusão de uma nova disciplina voltada exclusivamente aos procedimentos realizados no laboratório foi exaltada como uma alternativa para complementar a formação desses futuros professores. Aliás, é importante ressaltar que a PCC existe nos Programas da Unidade Didática (PUDs) das disciplinas experimentais da Licenciatura em Química do IFCE – *Campus* Maracanaú. Contudo, pelo constatado nas respostas obtidas, a PCC não estava sendo amplamente empregada pelos professores nas disciplinas, uma vez que, certamente, sua aplicação poderia suprir a necessidade da inclusão de uma nova disciplina, ao explorar os aspectos do ensinar a ensinar.

De fato, como foi observado, as PCC's não estavam sendo extensivamente trabalhadas pelos professores das disciplinas experimentais. Postula-se, dessa forma, que as PCC's trariam grandes vantagens aos alunos das disciplinas experimentais, podendo levá-los à realização de atividades que ligariam os saberes específicos inerentes das disciplinas experimentais aos saberes docentes inerentes à natureza do ser educador. Essas ações podem surgir na forma de seminários, na confecção de artigos científicos ou relatórios e no planejamento de aulas ou de outras atividades práticas.

A PCC, por fim, é um subsídio pedagógico dos cursos de licenciatura no Brasil, os diferenciando dos cursos de bacharelado. No entanto, como visto ao longo desta investigação, sua aplicação ainda é muito restrita nas disciplinas experimentais da área de Química no IFCE – *Campus* Maracanaú. Em síntese, a PCC é um parâmetro existente nos PUDs dessas disciplinas, mas que ainda não teve sua efetiva aplicabilidade estruturada no ambiente de formação, seja em uma sala de aula regular ou em um laboratório de Química.

CONSIDERAÇÕES FINAIS

A nova grade curricular de disciplinas do curso de Licenciatura em Química no IFCE – *Campus* Maracanaú, aprovada em 2017, possui a realização da PCC em sua ementa, e esse componente está presente nas disciplinas experimentais da área de Química. No entanto, ela ainda não conseguiu cumprir sua efetiva aplicação. Com base nos dados fornecidos pelos estudantes, acredita-se que ela foi pouco aplicada durante as disciplinas experimentais, fator que implica na falta de atividades docentes ligadas à formação pedagógica dos licenciandos no ambiente de laboratório.

Por fim, recomenda-se a realização de outros trabalhos com os professores das disciplinas experimentais, no intuito de identificar se eles estão cientes dos impactos formativos que as aplicações das Práticas como Componente Curricular (PCC) poderiam conferir aos licenciandos em suas disciplinas, tendo em vista o desenvolvimento de uma formação docente de excelência aos discentes do curso de Licenciatura em Química no Instituto Federal do Ceará (IFCE) – *Campus* Maracanaú, sobretudo para que se possa aperfeiçoar ainda mais o trabalho de formação docente que esse curso vem realizando há mais de 10 anos no município de Maracanaú (CE).

REFERÊNCIAS

ANDRÉ, M. E. D. A. Estudo de caso: seu potencial na educação. **Cadernos de Pesquisa**, n. 49, p. 51–54, 1984.

BEGO, A. M.; OLIVEIRA, R. C.; CORRÊA, R. G. O papel da Prática como Componente Curricular na Formação Inicial de Professores de Química: possibilidades de inovação didático-pedagógica. **Química Nova na Escola**, v. 39, n. 3, p. 250–260, 2017.

BRASIL. Parecer CFE N° 346/72, de 06 de abril de 1972. Exercício do magistério em 1.º grau, habilitação específica de 2.º grau. Brasília, DF, 1972. Disponível em: <http://siau.edunet.sp.gov.br/ItemLise/arquivos/notas/parcfe349_72.htm>. Acesso em: 27 mai. 2023.

BRASIL. Lei nº 9.394/96, de 20 de dezembro de 1996. Diretrizes e Bases da Educação Nacional. Brasília, DF, 1996. Disponível em: <http://www.planalto.gov.br/ccivil_03/leis/l9394.htm>. Acesso em: 27 mai. 2023.

BRASIL. Ministério da Educação. Parecer CNE/CES nº 15/2005, de 02 de fevereiro de 2005. Solicitação de esclarecimento sobre as Resoluções CNE/CP nºs 1/2002, que institui Diretrizes Curriculares Nacionais para a Formação de Professores da Educação Básica, em nível superior, curso de licenciatura, de graduação plena, e 2/2002, que institui a duração e a carga horária dos cursos de licenciatura, de graduação plena, de Formação de Professores da Educação Básica, em nível superior. Brasília, DF, 2005. Disponível em: <http://portal.mec.gov.br/cne/arquivos/pdf/pces0015_05.pdf>. Acesso em: 27 mai. 2023.

CALIXTO, V. DOS S.; KIOURANIS, N. M. M. Configuração da Prática como Componente Curricular nos cursos de Química da UFGD. **Revista Debates em Ensino de Química**, v. 3, n. 2, p. 27–48, 2017.

CHASSOT, A. I. Uma história da educação química brasileira: sobre seu início discutível apenas a partir dos conquistadores. **Epistéme**, v. 1, n. 2, p. 129-145, 1996.

FIELD'S, K. A. P.; GRACIANO, M. R. S.; ANDRADE, J. A. Z.; MESQUITA, N. A. S.; BERNARDES, G. C.; ALVES, B. H. P. Verificação da condução da Prática como Componente Curricular e dos Estágios Supervisionados do Curso de Licenciatura em Química do IFG-Câmpus Itumbiara. **Latin American Journal of Science Education**, v. 4, p. 1-14, 2017.

GODOY, A. S. Pesquisa qualitativa: tipos fundamentais. **Revista de Administração de Empresas**, v. 35, n. 3, p. 20–29, 1995.

IFCE - INSTITUTO FEDERAL DE EDUCAÇÃO, CIÊNCIA E TECNOLOGIA DO CEARÁ. **Programa de Unidade Didática.** Maracanaú, 2017.

LIMA, J. P. M.; PAGAN, A. A.; SUSSUCHI, E. M. Estudo de caso sobre alguns limites e possibilidades para formação do professor reflexivo/pesquisador em um curso brasileiro de Licenciatura em Química. **Revista Brasileira de Pesquisa em Educação em Ciências**, v. 15, n. 1, p. 79–103, 2015.

MARTINS, J. L. DE C.; WENZEL, J. S. A prática de ensino na organização curricular dos cursos de Química Licenciatura: atenção para as 400h de práticas de ensino. **Revista Debates em Ensino de Química**, v. 3, n. 2, p. 5–26, 2017.

PEREIRA, B.; MOHR, A. **Prática como Componente Curricular em cursos de Licenciatura de Ciências Biológicas no Brasil**. Ix Enpec, p. 1–8, 2013. Disponível em: < https://www.academia.edu/10942252/

Pr%C3%A1tica_como_componente_curricular_em_cursos_de_licenciatura_de_Ci%C3%AAncias_Biol%C3%B3gicas_no_Brasil>. Acesso em: 26 mai. 2023.

PERRENOUD, P. **Dez Novas Competências para Ensinar**. Porto Alegre: ArtMed, 2000.

PORTO, E. A. B.; KRUGER, V. Breve histórico do Ensino de Química no Brasil. **Encontro de Debates sobre o Ensino de Química**, v. 2, 2013. Disponível em: <https://www.publicacoeseventos.unijui.edu.br/index.php/edeq/article/view/2641>. Acesso em: 23 mai. 2023.

SILVA, A. M. P. M. DA; JÓFILI, Z. M. S.; CARNEIRO-LEÃO, A. M. D. A. A prática como componente curricular na formação do professor de Biologia: avanços e desafios na UFRPE. **Amazônia: Revista de Educação em Ciências e Matemáticas**, v. 10, n. 20, p. 16–28, 2014.

TARDIF, M. **Saberes Docentes e Formação Profissional**. 6. ed. Petrópolis: Vozes, 2006.

CAPÍTULO 5

ATENDIMENTO EDUCACIONAL ESPECIALIZADO A ALUNOS COM DEFICIÊNCIA VISUAL: CONTRIBUIÇÕES PARA O ENSINO DE QUÍMICA

Lidivânia Silva Freitas Mesquita
Gerson de Souza Mól

Resumo

O Atendimento Educacional Especializado (AEE) é voltado para o auxílio de professores na comunicação eficiente com os alunos com deficiência. Isso é deveras importante para o Ensino de Química, muitas vezes guiado pelo uso de recursos imagéticos, tornando as informações inacessíveis ao aluno com Deficiência Visual (DV). Logo, é importante a colaboração entre os professores de Química e do AEE para desenvolver uma prática pedagógica que contemple as Necessidades Educacionais Específicas (NEE) do aluno com DV. Nesta pesquisa, propomos uma abordagem para auxiliar na colaboração entre estes profissionais, bem como realizamos um paralelo entre as suas funções, identificando suas respectivas contribuições para o atendimento equitativo deste público. Ficou evidente a importância de articulação entre estes dois profissionais, pois cada um possui competências e habilidades diferentes no atendimento. A partir desta parceria devem ser desenvolvidas práticas pedagógicas inclusivas que melhor atendam as NEE dos alunos que assim necessitam.

Palavras-chave: Atendimento Educacional Especializado. Deficiência Visual. Ensino de Química.

INTRODUÇÃO

A Constituição Federal de 1988 prevê em seu artigo 208, inciso III, que o Atendimento Educacional Especializado (AEE) às pessoas com deficiência deve acontecer preferencialmente na rede regular de ensino. A função do AEE é regulamentada pelo Decreto Nº 7.611, de 17 de novembro de 2011, o qual afirma que ele compreende "o conjunto de atividades, recursos de acessibilidade e pedagógicos organizados institucional e continuamente", que deve ser complementar à formação dos estudantes com deficiência.

O AEE possui particularidades para cada um dos públicos da Educação Especial. Em relação à Deficiência Visual (DV) que, conforme Sá, Campos e Silva (2007), é caracterizada pela diminuição ou perda total da visão, o AEE é direcionado à orientação e mobilidade, realização de avaliação funcional da visão e de adaptações em recursos pedagógicos, de acordo com a condição visual dos estudantes, por exemplo.

Assim como, e não menos importante, conforme as "Diretrizes Operacionais da Educação Especial para o Atendimento Educacional Especializado na Educação Básica" (Brasil, 2001) o AEE também é voltado para o auxílio de professores e outros membros da comunidade escolar na comunicação eficiente com os estudantes com DV. Pois a falta da visão muitas vezes é tratada de forma pouco natural e espontânea em virtude dos professores não sabem como proceder em relação aos alunos com DV. E para quebrar esse tabu, a figura do profissional do AEE é essencial, na orientação daqueles que não possuem intimidade ou afinidade com a temática da Educação Especial.

Conforme Gibin e Ferreira (2013), o ensino de Química, que muitas vezes é guiado pelo uso de imagens e modelos para auxiliar na percepção do que é microscópico, pode ser inacessível ao aluno com DV sem recursos adequados para promoção de acessibilidade. Assim sendo, outra importante função do professor do AEE é auxiliar professores e estudantes com a utilização de tecnologias assistivas.

Sendo importante que o professor de Química interaja com o profissional do AEE e com os estudantes deficientes visuais a fim de desenvolver uma prática pedagógica que contemple as Necessidades Educacionais Específicas (NEE) de cada estudante, no sentido de produção e adaptação de recursos pedagógicos que minimizem/anulem as dificuldades na construção do conhecimento, quando associado ao que é visível.

Assim, esta pesquisa tem por objetivo propor uma sequência de abordagem para auxiliar professores de Química na colaboração com o professor do AEE, bem como realizar um paralelo entre as funções destes dois profissionais, a fim de identificar suas respectivas contribuições na parceria para o atendimento equitativo deste público. Vale ressaltar que isso será feito com base em aportes teóricos.

DEFICIÊNCIA VISUAL

A Portaria nº 3.128, de 24 de dezembro de 2008, considera pessoa com deficiência visual, aquela que apresenta baixa visão ou cegueira, bem como especifica as condições para o diagnóstico das duas condições.

> Considera-se baixa visão ou visão subnormal, quando o valor da acuidade visual corrigida no melhor olho é menor do que 0,3 e maior ou igual a 0,05 ou seu campo visual é menor do que 20º no melhor olho com a melhor correção óptica (categorias 1 e 2 de graus de comprometimento visual do CID 10) e considera-se cegueira quando esses valores encontram-se abaixo de 0,05 ou o campo visual menor do que 10º (categorias 3, 4 e 5 do CID 10) (Brasil, 2008, p.1).

Fróes (2015) apresenta três categorias de DV. O autor define como cego, aquele que apresenta desde ausência total da visão (amaurose) até percepção de luz (distingue claro e escuro), ou projeção de luz (identifica a direção da luz). Traz ainda, a condição definida como cegueira parcial em que o indivíduo consegue perceber vultos, claro/ escuro e contar dedos a certa distância. E por fim, as pessoas com baixa visão, que percebem a projeção de luz até onde a dificuldade visual limita seu desempenho, bem como utilizam a visão residual para leitura, escrita e situações do cotidiano.

O processo de ensino e aprendizagem para pessoas com DV não difere do processo para normovisuais do ponto de vista cognitivo. Vigotski (2011) propôs que a educação deste público deve focar em "caminhos alternativos" e "recursos especiais" adaptados às peculiaridades da organização psicofisiológica do aluno. Dessa forma, para que haja equidade no ensino de pessoas com DV é necessária utilização de recursos de acessibilidade que atendam às demandas específicas de cada aluno.

O autor também ressalta que a superação da deficiência da visão se dá através da compensação, mas não de um sentido pelo outro, pois ao contrário do que se acredita segundo a sabedoria popular, os sentidos remanescentes não são amplificados. Para ele, a utilização da linguagem para a interação social com pessoas de visão normal é fundamental para a formação de conceitos e, como consequência, ampliação do repertório de referências do aluno com DV. Pois, as referências e padrões utilizados pela sociedade possuem forte apelo visual, o que pode ser um desafio para pessoas com cegueira congênita que não tiveram acesso a esses referenciais.

Alguns desafios e possibilidades no ensino de Química para alunos com Deficiência Visual

De acordo com Mortimer, Machado e Romanelli (2000), o completo entendimento de conhecimentos que envolvem a Química está intimamente ligado à sua compreensão nos três níveis de abordagem: o macroscópico, o microscópico e o representacional. Segundo Mól e Dutra (2020), o nível macroscópico faz referência aos fenômenos naturais ou não que podem ser observados, no microscópico encontram-se teorias e modelos que explicam tais fenômenos e o representacional é o que faz uso de linguagem e símbolos próprios das Ciências. Em virtude da abstração necessária para compreender o conhecimento que se situa no nível microscópico (Johnstone, 1982), referenciais imagéticos são amplamente utilizados.

O ensino de Modelos Atômicos, por exemplo, mostra a necessidade da utilização de imagens/modelos para que os alunos consigam compreender com mais facilidade a descrição dos modelos para o átomo criados por cada cientista (Razuck; Guimarães, 2014; Soares *et al.*, 2017). Assim, percebemos que os referenciais imagéticos não são indispensáveis, contudo favorecem a aquisição do conhecimento de conceitos abstratos, ou seja, que não são visíveis.

Conforme com Sá, Campos e Silva (2007), o sistema visual é responsável por captar de forma instantânea e imediata mais de 80% dos estímulos em um ambiente.

> A visão reina soberana na hierarquia dos sentidos e ocupa uma posição proeminente no que se refere à percepção e integração de formas, contornos, tamanhos, cores e imagens que estruturam a composição de uma paisagem ou de um ambiente. (Sá; Campos; Silva, 2007, p.15).

Neste aspecto, aqueles alunos que não possuem o sentido da visão ficam em posição de desvantagem frente aos alunos normovisuais. E de acordo com nossa experiência e os referenciais teóricos utilizados em nossas pesquisas e trabalhos em inclusão, julgamos necessário que todos os alunos tenham as mesmas oportunidades na sala de aula (Mól; Dutra, 2020).

A superação da limitação visual é um dos principais desafios no ensino do público com DV, e o ensino deve ser trabalhado com base nas possibilidades de aprendizagem dos alunos e não na deficiência. Nesse sentido o uso de processos mediadores alternativos, dentre os quais estão os recursos pedagógicos acessíveis, e estes podem auxiliar os alunos cegos ou com baixa visão na construção de modelos mentais referentes às imagens e/ou modelos trabalhados em determinados conteúdos. Mól e Dutra (2020) destacam que

> O uso de processos mediadores alternativos permite que a pessoa com deficiência estabeleça inter-relações pessoais que lhe permitem se desenvolver, superando suas limitações e alcançando patamares inimagináveis por pessoas que não possuem tais limitações (Mól; Dutra, 2020, p. 20).

Outro desafio para o ensino de Química de alunos com DV é a falta de formação de professores inicial e/ou continuada específica na temática. Dias e Silva (2020) reforçam que a ausência de componentes curriculares que abordem a educação inclusiva nas universidades impossibilita um debate fundamental, sobretudo nas licenciaturas, visto que o número de matrículas de alunos com deficiência nas classes regulares vem crescendo significativamente. Em 2017, o percentual de alunos incluídos era de 90,8% e, em 2021, passou para 93,5%. Esse crescimento foi influenciado especialmente pelo aumento no percentual de alunos incluídos em classes comuns sem acesso às turmas especiais (Brasil, 2021).

Lopes *et al.* (2023) evidenciam a necessidade da legislação brasileira conteúdos e carga horária das formações de maneira clara e objetiva com o objetivo de evitar lacunas formativas.

METODOLOGIA

Esta pesquisa seguiu uma abordagem qualitativa, utilizando como procedimento a pesquisa bibliográfica a fim de compreender as perspectivas e experiências dos professores de Química e do AEE envolvidos em uma parceria colaborativa.

Para alcançar os objetivos propostos, optamos por realizar a coleta de por meio da literatura acerca do AEE, sob o ponto de vista de dois documentos oficiais publicados pela Secretaria de Educação Especial (SEESP):

(a) Atendimento Educacional Especializado – Deficiência Visual (Sá; Campos; Silva, 2007) e (b) Os alunos com deficiência visual: baixa visão e cegueira (Domingues *et al.*, 2010).

Selecionamos estes documentos por apresentar as competências e habilidades inerentes ao profissional do AEE, bem como as características da deficiência visual e os principais recursos de acessibilidade para esse público.

Também buscamos na literatura, dos últimos cinco anos, trabalhos referentes à percepção dos professores de Química no que concerne ao ensino de alunos com DV. A partir destes dois blocos de informações, será possível traçarmos um paralelo entre as contribuições destes dois profissionais no ensino de Química de alunos com DV, de acordo com as habilidades inerentes a cada profissional.

PROPOSTA DE ABORDAGEM COLABORATIVA ENTRE OS PROFESSORES DE QUÍMICA E DO AEE PARA ATENDIMENTO EQUITATIVO DE ALUNOS COM DV

A Química é uma ciência empírica que trata de objetos de estudo de natureza microscópica e conceitos abstratos. E para Brown *et al.* (2017), professores e alunos precisam frequentemente imaginar situações práticas acerca desses objetos que estão fora do que é visível ou palpável.

A fim de contribuir na construção do conhecimento desses conceitos, imagens e modelos são largamente utilizados, privilegiando a visão. Assim, necessidades decorrentes de limitações visuais não devem ser ignoradas, negligenciadas ou confundidas com concessões ou necessidades fictícias (Sá; Campos; Silva, 2007). É necessário, portanto, que o professor de Química esteja atento a atitudes e posturas que já fazem parte do seu "eu - docente" e esteja disposto a rever abordagens metodológicas tradicionais, que não são inclusivas para o público de alunos com DV.

Ao se deparar com um aluno com DV na sala de aula, qualquer professor que não possui o mínimo de conhecimento acerca da educação inclusiva para esse público, vai estar diante de um desafio. Pois, em virtude da falta de formação e de informação, muitos professores não compreendem que não há diferença no processo cognitivo de alunos normovisuais e com DV, e que o tipo de intervenção pedagógica utilizada poderá proporcionar ao aluno deficiente visual condições de participar do processo de ensino/aprendizagem em equidade de condições com os alunos normovisuais.

Em trabalho realizado por Silva e Amaral (2020) fica claro o despreparo de professores de química em vista da falta de formação inicial para a inclusão de alunos com deficiência nas salas de aulas regulares. O que também é observado em pesquisa a nível nacional realizada por Lopes (2017), em que a pesquisadora constatou que a maior parte dos professores que aplicam práticas pedagógicas inclusivas em suas rotinas escolares atribui o seu aprendizado, acerca do tema, às suas vivências em sala de aula e não ao conhecimento a que teve acesso nos cursos de formação de professores, situação que a autora definiu como "Paradoxo da formação", no qual o professor reconhece que precisa de capacitação técnica em cursos de formação para poder trabalhar com a inclusão, mas, ao mesmo tempo, atribui à experiência, somente a ela, tal capacidade.

Para não cair neste paradoxo, é essencial que o profissional busque formação continuada acerca deste tema e não se apoie em um discurso de falta de preparo. Pois, ainda de acordo com Lopes (2017), os saberes produzidos nas Instituições de Ensino Superior (IES) e nas vivências de sala de aula têm *status* e significados diferentes. Sendo que os primeiros estão diretamente ligados à competência pedagógica do professor, sem a aplicação de uma prática pedagógica tecnicista, construída tacitamente.

A fim de superar essa dificuldade inicial, é imprescindível também a troca de conhecimentos com o profissional do AEE. Pois como destaca Brizolla (2009), a Educação Especial e o ensino comum devem estabelecer um trabalho de cooperação, pois, se de um lado a Educação Especial dispõe de serviços e recursos especializados para o atendimento das especificidades dos alunos com necessidades educacionais especiais, por outro lado, o ensino comum responsabiliza-se pela escolarização desses alunos.

Neste sentido, um dos objetivos deste trabalho é propor uma abordagem (Figura 1), em etapas, para auxiliar professores de Química que possuem dificuldade em sistematizar essa parceria com o professor do AEE, no atendimento de alunos com DV.

Vygotsky afirma que

> [...] a educação de alunos com deficiência visual não se diferencia dos demais alunos, pois estes são capazes de atingir o mesmo grau de desenvolvimento que alunos com visão normal, uma vez que suas faculdades cognitivas permanecem inalteradas, sendo apenas necessária a utilização de meios alternativos de aprendizagem (Vygotsky, 2003, p. 161).

Entretanto, para o atendimento equitativo de qualquer aluno com deficiência devemos entender que eles possuem algumas necessidades educacionais específicas. Bem como é fundamental compreendê-las, para assim contribuir com o acesso ao conhecimento por estes estudantes.

A Nota Técnica 04, de 23 de janeiro de 2014[1], do Ministério da Educação (MEC) - Secretaria de Educação Continuada, Alfabetização, Diversidade e Inclusão (SECADI), afirma que matrícula da pessoa com deficiência nas salas de aulas regulares, em qualquer dos níveis de ensino, não pode ser condicionada à apresentação de laudo médico, pelo fato do AEE se caracterizar como atendimento pedagógico e não clínico. Entendendo-se que a sua exigência restringe o direito universal de acesso à escola.

Contudo, o professor do AEE, poderá articular-se com profissionais da área da saúde, tornando-se o laudo médico, neste caso, um documento anexo

---

1   A Nota técnica 04/2014 do MEC-SECADI dispõe acerca de orientação quanto a documentos comprobatórios de alunos com deficiência, transtornos globais do desenvolvimento e altas habilidades/superdotação no Censo Escolar.

ao Plano de AEE. Por isso, não se trata de documento obrigatório, mas, complementar, quando a escola julgar necessário (Brasil, 2014).

Dessa forma, a escola pode direcionar melhor os dispositivos de aprendizagem e as estratégias de ensino para ajudar o aluno. Com o laudo associado a entrevistas e testes específicos elaborados pelo professor do AEE, este possui condições de "construir um relatório" (1ª etapa) com recomendações gerais acerca das NEE do estudante para encaminhar aos professores de sala de aula.

Como exemplo, para alunos com baixa visão, um dos aspectos deste relatório deve estar ligado ao campo visual e ao comprometimento da visão central ou periférica do estudante. Informações acerca dessa característica podem definir a intensidade do contraste e o melhor tipo de iluminação a serem utilizados pelo aluno, como pontuaram Domingues *et al.* (2010). Isso pode influenciar, inclusive, no local em que o aluno irá sentar na sala de aula. Outro ponto fundamental é acerca da avaliação funcional da visão realizada pelo professor do AEE, que vai fornecer informações acerca do tipo e tamanho da fonte a ser utilizada em materiais impressos, a distância que o material a ser visualizado deve ficar do aluno, por exemplo. Além de tudo isto, deve constar informações acerca de indicações de recursos de acessibilidade para atender às demandas específicas de cada aluno que, são importantes para conhecimento dos professores de sala de aula.

De posse deste relatório, o professor de Química deve "observar o aluno em sala de aula" (2ª etapa), conversar com ele a fim de identificar possíveis propostas de intervenção. Pois

> pequenas mudanças nas práticas educativas podem fazer uma grande diferença para a aprendizagem do aluno. O professor pode procurar meios de conhecer melhor do assunto e buscar novas formas de fazer acontecer a inclusão de um aluno cego em sua sala de aula [...] (SILVA; AMARAL, 2020, p. 3).

Diante das observações realizadas pelo professor de sala de aula, é necessário que este se reúna com o profissional do AEE para "traçar estratégias" (3ª etapa) que atendam às demandas específicas de cada aluno, pois cada aluno é único em suas características que dependem tanto de aspectos do desenvolvimento socioemocional quanto físico.

Ropoli *et al.* (2010) ressaltam que faz parte das atribuições do professor que realiza o AEE estabelecer articulação com os professores da sala de aula comum, visando a disponibilização dos serviços, dos recursos pedagógicos e de acessibilidade e das estratégias que promovem a participação dos alunos nas atividades escolares. Essa articulação é necessária, pois cada um desses profissionais possui frentes de trabalho distintas, mas que são complementares na prestação desse atendimento. E ainda de acordo com Ropoli *et al.* (2010), o envolvimento entre estes profissionais, através de um trabalho interdisciplinar e colaborativo, fará com que seus objetivos específicos de ensino sejam alcançados.

O professor da sala de aula comum detém os conhecimentos específicos da área em que atua, enquanto o docente do AEE possui a formação necessária para orientar os professores das disciplinas a fim de atender as NEE dos estudantes com deficiência, transtorno global do desenvolvimento, superdotação e altas habilidades.

Posteriormente, também em colaboração devem ser discutidas as "características das adaptações de recursos pedagógicos" (4ª etapa) a serem utilizados para o ensino de Química. Características como intensidade de contraste de cores e texturas, tipo de letra e tamanho da fonte, tipo de fundo, dimensões dos objetos a serem utilizados, dentre outros pontos como relatado em Brasil (2002). Esta última etapa está em acordo com um dos objetivos do AEE previsto no inciso III do Art. 3º, do Decreto Nº 7.611, de 17 de novembro de 2011, que é "fomentar o desenvolvimento de recursos didáticos e pedagógicos que eliminem as barreiras no processo de ensino e aprendizagem".

Para que o trabalho colaborativo entre os professores do AEE e de Química seja eficaz, é necessário que os partícipes estabeleçam um diálogo constante, reconheçam suas responsabilidades quanto ao processo de ensino, e após conhecer as NEE e potencialidades do aluno, estabeleçam metas comuns a serem atingidas. A seguir, temos a sumarização desta abordagem colaborativa entre os professores de Química e do AEE para atendimento equitativo de alunos com DV (Figura 1).

Figura 1 – Etapas da abordagem conjunta entre os professores do AEE e de Química

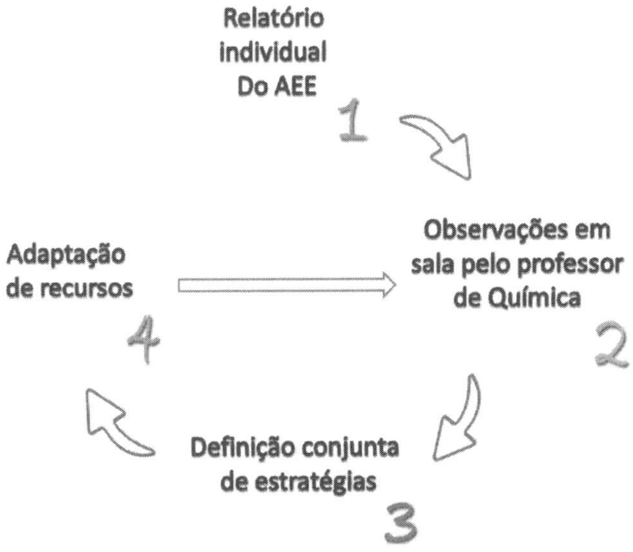

Fonte: Autores (2023).

Vale destacar que este processo não consiste em um método de abordagem fechado, na verdade se trata de uma sugestão baseada na sumarização de informações encontradas na literatura pertinente à temática. E que ele deve sempre ser revisto, quando necessário. Bem como não se trata de um processo unidirecional finito, e sim de um ciclo em que as três últimas etapas devem sempre estar presentes nos diálogos entre o professor de Química e o responsável pelo AEE, a fim de identificar possíveis mudanças e melhorias nas práticas pedagógicas inclusivas.

CONSIDERAÇÕES FINAIS

Diante do exposto, é inquestionável que a inclusão de alunos com deficiência nas escolas regulares é uma obrigação das instituições de ensino e dos profissionais que delas fazem parte. Assim como, é imprescindível que tais profissionais estejam preparados para acolher e prestar um atendimento equitativo para estes alunos, em todos os espaços escolares.

Em se tratando dos professores de Química, a competência pedagógica docente em Educação Inclusiva está ligada não apenas ao domínio da disciplina como também ao reconhecimento das NEE dos estudantes com DV e a aplicação de tecnologias assistivas que promovam o acesso ao conhecimento de forma equitativa a estes estudantes.

Contudo, em virtude da falta de formação específica no âmbito da Educação Especial, fica clara a necessidade de articulação entre o professor de Química e o professor do AEE, pois cada um possui competências e habilidades diferentes no espaço escolar. A colaboração entre estes dois profissionais é fundamental, pois é a partir dela que serão traçadas e desenvolvidas práticas pedagógicas inclusivas que melhor atendam as necessidades específicas dos estudantes que assim necessitam.

REFERÊNCIAS

BRASIL. [Constituição (1988)]. Constituição da República Federativa do Brasil. Brasília, DF: Senado Federal, 2016. 496 p.

BRASIL. Lei nº 7.611, de 17 de novembro de 2011. Dispõe sobre a educação especial, o atendimento educacional especializado e dá outras providências.

BRASIL. Nota Técnica nº 04, de 23 de janeiro de 2014. Orientação quanto a documentos comprobatórios de alunos com deficiência, transtornos globais do desenvolvimento e altas habilidades/superdotação no Censo Escolar. Brasília, DF.

BRASIL. Ministério da Saúde. Gabinete do Ministro. Portaria n° 3.128, de 24 de dezembro de 2008. Define que as Redes Estaduais de Atenção à Pessoa com Deficiência Visual sejam compostas por ações na atenção básica e Serviços de Reabilitação Visual. **Diário Oficial da União,** Brasília, DF, 26 dez. 2008.

BRASIL. Instituto Nacional de Estudos e Pesquisas Educacionais Anísio Teixeira (Inep). Resumo Técnico: Censo escolar da Educação Básica 2021. Brasília, DF: Inep, 2021.

BRASIL. Diretrizes Nacionais para a Educação Especial na Educação Básica. Brasília: MEC, 2001.

BRIZOLLA, F. Para além da formação inicial ou continuada, a form(a)cão permanente: o trabalho docente cooperativo como oportunidade para a formação docente dos professores que atuam com alunos com necessidades educacionais especiais. In: SEMINÁRIO NACIONAL DE PESQUISA EM EDUCAÇÃO ESPECIAL: FORMAÇÃO DE PROFESSORES EM FOCO. **Anais...** São Paulo, 2009.

BROWN, T. L.; LEMAY JR, H. E.; BURSTEN, B. E; MURPHY, C. J.; WOODWARD, P. M.; STOLZFUS, M. W. **Química**: a ciência central. 13 ed. Pearson, 2017.

DIAS, V. B.; SILVA, L. M. da. Educação inclusiva e formação de professores: O que revelam os currículos dos cursos de licenciatura?. **Práxis Educacional**, Vitória da Conquista, v. 16, n. 43, p. 406-429, 2020. DOI: 10.22481/rpe.v16i43.6822.

DOMINGUES, C. dos A.; SÁ, E. D. de; CARVALHO, S. H. R. de; ARRUDA, S. M. C. de P.; SIMÃO, V. S. A educação especial na perspectiva da inclusão escolar. **Os alunos com deficiência visual**: baixa visão e cegueira. Brasília: Ministério da Educação; Secretaria de Educação Especial, 2010. 63p.

FRÓES, M. A. de M. **A escolarização das pessoas com deficiência visual: contribuições e limites das atividades pedagógicas mediadas na sala de integração e recursos visual**. 2015. 131 f. Dissertação (Mestrado em Educação), Universidade Federal do Rio Grande do Sul, Porto Alegre, 2015.

GIBIN, G. B.; FERREIRA, L. H. Avaliação dos estudantes sobre o uso de imagens como recurso auxiliar no ensino de conceitos químicos. **Química Nova na Escola**, v. 35, n. 1, p. 19-26, 2013.

JOHNSTONE, A. H. Macro and Microchemistry. **The School Science Review**, v. 64, n. 227, p. 377-379, 1982.

LOPES, M. C. **Inclusão: Processos de subjetivação docente**. In: LOUREIRO, C. B.; KLEIN, R. R.. Inclusão e Aprendizagem: Contribuições para pensar práticas pedagógicas. Porto Alegre: Appris Editora, 2017. p. 19-36.

LOPES, R. D. C.; CUNHA, D. A. da; BRASIL, S. E. R.; NINA, K. C. F.; SILVA, S. S. da C. Formação docente sobre inclusão escolar de alunos público da Educação Especial no Brasil: uma revisão integrativa. **Revista Educação Especial**, v. 36, n. 1, p. e22/1-32, 2023.

MÓL, G. de S.; DUTRA, A. A. Construindo materiais didáticos acessíveis para o ensino de Ciências. In: PEROVANO, P. L.; MELO, D. C. F. de. Práticas Inclusivas: Saberes, estratégias e recursos didáticos. 2 ed. Campos dos Goytacazes: Encontrografia, 2020. 1, 14-35.

MORTIMER, E. F.; MACHADO, A. H.; ROMANELLI, L. I. A proposta curricular de Química do Estado de Minas Gerais: fundamentos e pressupostos. **Química Nova**, 23 (2), p. 273, 2000.

RAZUCK, R. C. D. S. R.; GUIMARÃES, L. B. O desafio de ensinar modelos atômicos a alunos cegos e o processo de formação de professores. **Revista Educação Especial**, Santa Maria, v.27, n.48, p.141-154, jan-abr, 2014.

ROPOLI, E. A.; MANTOAN, M. T. E.; SANTOS, M. T. da C. T. dos; MACHADO, R. A educação especial na perspectiva da inclusão escolar. **A Escola Comum Inclusiva**. Brasília: Ministério da Educação; Secretaria de Educação Especial, 2010. 51p.

SÁ, E. D. de; CAMPOS, I. M. de; SILVA, M. B. C. **Atendimento Educacional Especializado** - Deficiência Visual. Brasília: Ministério da Educação; Secretaria de Educação Especial, 2007. 57p.

SILVA, R. S.; AMARAL, C. L. C. Percepção de professores de química face à educação de alunos com deficiência visual: dificuldades e desafios. **South American Journal of Basic Education, Technical and Technological**, v. 7, n. 1, p. 108-129, 2020.

SOARES, E. L.; VIÇOSA, C. S.; TAHA, M. S.; FOLMER, V. A presença do lúdico no ensino dos modelos atômicos e sua contribuição no processo de ensino aprendizagem. **Góndola, Enseñanza y Aprendizaje de las ciencias**, Bogotá, v.12, n.2, p. 69-80, jul-dez, 2017.

VIGOTSKI, Lev Semionovitch. A defectologia e o estudo do desenvolvimento e da educação da criança anormal. **Educação e Pesquisa**, v. 37, p. 863-869, 2011.

VYGOTSKY, Lev Semenovich. **A Construção do Pensamento e da Linguagem**. São Paulo: Martins Fontes, 2003, 496 p.

CAPÍTULO 6

A APRENDIZAGEM BASEADA EM PROBLEMAS NO ENSINO DE QUÍMICA

Alexandre Fábio e Silva de Araújo
Caroline de Goes Sampaio

Resumo

As metodologias ativas constituem um conjunto de ações contemporâneas e inovadoras para se ressignificar o pensar sobre o ensino tradicional, visto que constituem um dos pilares da BNCC (Base Nacional Comum Curricular). Tais metodologias enfatizam o protagonismo discente no decorrer do processo de ensino e aprendizagem. Dentre este conjunto de metodologias está a Aprendizagem Baseada e Problema (ABP), método em que o ensino se estrutura na apresentação de problemas complexos presentes ou não no cotidiano do estudante e que propicia o comprometimento nas atividades colaborativas estimulando a partilha de percepções, competências e habilidades. O presente trabalho teve como objetivo analisar artigos científicos que apresentaram a Aprendizagem Baseada em Problemas (ABP) como metodologia para o ensino de Química no contexto do ensino médio. Para alcançar tal objetivo, foi realizado o estudo de 3 artigos, selecionados através da plataforma google acadêmico, que abordam a ABP como recurso didático para o ensino dos seguintes tópicos: Cálculo Estequiométrico (1ª série do EM), Princípio de Le'Chatelier (2ª série do EM) e Funções Orgânicas (3ª sériedo EM). Nesta análise foram observados elementos: como a ABP foi desenvolvida em sala, quais foram os problemas utilizados e a quais conteúdos foram relacionados e, por fim, se a metodologia contribuiu para o aprendizado dos alunos. Com a análise dos artigos viu-se que a ABP compõe uma metodologia viável, pertinente e proveitosa para ser trabalhada no ensino de química, contribuindo para a resolução de exercícios, solução de problemas, aprendizado de conteúdo e interação entre alunos e professores.

Palavras-chave: Aprendizagem baseada em problemas. Aprendizagem significativa crítica. Alfabetização científica. Ensino de Química.

INTRODUÇÃO

Todas as mudanças ocorridas durante este processo de evolução da educação brasileira foram de suma importância para o melhor desenvolvimento educacional do país. No que diz respeito ao ensino de Química, esta é uma das mais presentes em nosso cotidiano e, apesar disso, desenvolver esta disciplina em sala de aula é sempre um desafio, devido ao fato de que os estudantes apresentam dificuldade em compreender o conteúdo e compreender como estes se relacionam e, por isso, acabam trilhando o caminho da memorização, proporcionando, desta forma, a falta de interesse pela disciplina.

Neste sentido a atribuição dada ao professor tem sofrido uma ressignificação ampliando-se as exigências a ele direcionadas, em que se espera um profissional dinâmico e engajado para contribuir com a formação crítico reflexiva dos discentes. Contudo, o processo de ensinar é complexo e exige estratégias que ajudem na abordagem dos conteúdos e das informações de forma a contribuir com a aprendizagem dos estudantes. Dessa forma, as metodologias têm importância significativa no processo de ensino e de aprendizagem dos estudantes, pois "se constituem como grandes diretrizes que orientam esse processo e que se concretizam em estratégias, abordagens e técnicas concretas, específicas e diferenciadas" (Moran, p. 04, 2018). Dentre tais metodologias destacamos a aprendizagem baseada em problemas (ABP), modelo que teve origem em meados de 1960, nas escolas de medicina do Canadá e Holanda. Este método visa um processo de ensino integrado e interdisciplinar por meio da análise de problemas cotidianos. Esta metodologia compreende a apresentação de um problema antes de se iniciar o processo de aprendizagem do conteúdo que se quer ensinar, proporcionando, assim, o afastamento da metodologia de ensino tradicional em que normalmente segue-se a sequência: apresentação dos tópicos, resolução de problemas e atividades para fixação e revisão do conteúdo. Esta vertente de ensino contribui significativamente para o fortalecimento das competências e habilidades para a formação cidadã crítica, autônoma e socialmente ativa.

A prática do ensino de Química exige que o professor compreenda os fundamentos do ensino de ciências, da pedagogia, da didática, conheça diferentes metodologias de ensino e disponha de vários recursos que favoreçam a aprendizagem dos alunos. Porém, a atuação docente não só na Química, mas também nas demais disciplinas, consiste em saberes e práticas que não se resumem ao domínio dos conteúdos, dos conceitos, das teorias e das metodologias desenvolvidas dentro de sala de aula. Existem diversos desafios enfrentados pelos docentes em sua prática pedagógica, talvez o maior deles seja proporcionar ao aluno elementos que contribuam com o ato de pensar, provocar e instigar curiosidades e buscar respostas. Nesse sentido, Freire (1996) ressalta que ensinar não se limita a transferir conhecimentos, mas sim desenvolver métodos para seu próprio desenvolvimento. Nesse contexto, a utilização da ABP pode desenvolver processos de ensino e de aprendizagem, em sala de aula, de forma que possam contribuir para a superação dos desafios, onde professores promovam atividades em que os estudantes possam examinar, relacionar e refletir sua própria realidade e conhecimentos.

REFERENCIAL TEÓRICO

De acordo com Carletto, Mendes e Bianco (2019) as metodologias têm sido pouco aplicadas no ensino médio, embora a preocupação com a aprendizagem dos conteúdos de química neste seguimento seja objeto de atenção entre pesquisadores e profissionais da área. o contraponto entre essas afirmações nos faz refletir sobre as contribuições de uma metodologia ativa específica aplicada ao ensino de química.

No primeiro ano do ensino médio, por exemplo, o conteúdo de estequiometria chama bastante atenção de professores e pesquisadores devido à grande dificuldade dos alunos em entendê-lo. De acordo com Santos e Silva (2014) as dificuldades mais relevantes no ensino de estequiometria, referem-se à abstração do conteúdo e a aplicação de técnicas matemáticas relacionadas ao conhecimento químico (constante de Avogadro, mol/quantidade de matéria, massa molar, etc).

No que tange a aprendizagem relativa aos conceitos de estequiometria, afirma Kempa (1991)

> as dificuldades de aprendizagem no Ensino de Química tem relação com a natureza das ideias prévias e concepções alternativas, ou o pouco conhecimento para estabelecer conexões significativas com os conceitos que se deseja que os estudantes aprendam, as relações entre a demanda ou complexidade de uma tarefa a ser aprendida e a capacidade do estudante para saber organizar e processar uma determinada informação, questões que envolvem a competência linguística, além da pouca coerência entre o estilo de aprendizagem do estudante e o estilo de ensino do professor (Kempa 1991, *apud* Mendonça e Silva, p. 02, 2019)

Já no segundo ano do ensino médio os estudantes são apresentados ao estudo do equilíbrio químico e Muhlbeier e Carvalho (2013, p. 01) reiteram como crucial "[...] a mediação dos conceitos pelo professor por meio de metodologias adequadas ao aprendizado dos conceitos [...] cuidando para que os recursos didáticos não limitem a visão do aluno, proporcionando a ele formas simplistas ou equivocadas de compreensão".

Em sua pesquisa, Silva (2016) lançou a seguinte indagação: "por que os estudantes não aprendem equilíbrio químico?", e na opinião do autor:

> A resposta a esta pergunta não é simples, pois envolve um conjunto complexo de fatos, intrinsecamente ligados, que precisam ser levados em consideração, tais como metodologia de ensino adotada; material de apoio utilizado; estrutura da escola; pré-disposição do estudante em aprender; formação inicial e continuada do professor etc. Mas pode-se fazer uma reflexão mais geral, a luz da epistemologia bachelardiana, que o ensino oferecido não foi capaz de causar uma ruptura no conhecimento comum, de modo a caminhar para a construção de um conhecimento científico, ou seja, não se superou os obstáculos epistemológicos (Silva, p. 137, 2016).

Ainda, nesta mesma linha, os trabalhos de Souza e Cardoso (2008) e Silva (2016), relatam princípios equivocados que estudantes expõem sobre o equilíbrio químico e dentre eles destacam-se a não contextualização do conteúdo e a execução mecânica de cálculos;

Desta forma, tomando como base os autores aqui citados, entende-se que uma forma de transpassar as dificuldades apontadas em relação ao processo de ensino e aprendizagem do equilíbrio químico é desenvolver metodologias de ensino como a ABP que favorece a aprendizagem significativa e pode promover uma alfabetização científica nos alunos, de forma que esses adquiram senso crítico e reflexivo em relação aos conteúdos estudados.

Partindo-se para o terceiro e último ano do ensino médio, temos como principal assunto abordado as funções orgânicas estas são definidas como sendo, os pontos que caracterizam os compostos, nas palavras de Rohlfes *et al* (2015, p. 01): "são os sítios reacionais que caracterizam um composto orgânico". De acordo com estes autores, uma das grandes dificuldades relacionadas ao ensino da química orgânica está na abordagem mecanizada e isolada dos conteúdos tornando os mesmos abstratos e de difícil compreensão.

Em concordância com Germano *et al* (2010) As funções orgânicas é um dos conteúdos escolares em que os alunos apresentam grandes dificuldades de aprendizagem, especialmente nos aspectos de identificação, nomeação e aplicação dos compostos orgânicos. Neste viés Silva e Sá 2017 afirmam que

> O processo de ensino-aprendizagem da Química no contexto educacional brasileiro principalmente em escolas públicas, ainda segue o ritmo tradicional da aprendizagem teórica onde os alunos são levados a memorizar fórmulas, símbolos, reações e propriedades. Essa prática não valoriza a construção do conhecimento científico dos alunos e promove a desvinculação entre o conhecimento químico e o cotidiano, podendo influenciar negativamente na aprendizagem dos conceitos (SILVA e SÁ, p. 01, 2017)

Estas mesmas autoras acreditam que as dificuldades cotidianas de professores e alunos no ensino-aprendizagem de química podem ser trabalhadas através das discussões e implementações de propostas alternativas de ensino, como por exemplo, a utilização da estratégia de resolução de problemas.

Levando-se em consideração tais dificuldades no ensino de química na educação básica podemos, através da análise dos artigos escolhidos para nosso trabalho verificar que a metodologia ativa da aprendizagem baseada em problemas mostra-se como relevante alternativa para oportunizar aos estudantes instrumentos para que eles possam direcionar o seu desenvolvimento educacional, saindo do modelo tradicional de ensino em que o professor é o detentor único do conhecimento em sala de aula.

A APRENDIZAGEM SIGNIFICATIVA CRÍTICA

De acordo com Moreira (2016) o princípio fundamental para o desenvolvimento de uma aprendizagem crítica (aquela em que o aluno é tratado como um perceptor do mundo e, portanto, do que lhe é ensinado), é apresentar problemas com diferentes níveis de dificuldade, favorecendo, dessa forma, uma melhor organização dos conhecimentos. Chirone, Moreira e Sahelices (2021), ressaltam que:

> [...] não basta que a aprendizagem seja significativa é preciso que seja crítica, ou seja, é preciso permitir que o aluno faça parte do processo de aprendizagem e que esteja preparado para viver em sociedade, sendo parte dela ao mesmo tempo em que a crítica (Chirone, Moreira e Sahelices, p. 06, 2021).

Para isso, os autores apresentam uma série de princípios que constituem a base da teoria da aprendizagem significativa crítica, das quais destacamos:

> 1. aprender que aprendemos a partir do que já sabemos. (princípio do conhecimento prévio.) 2. aprender/ensinar perguntas ao invés de respostas. (princípio da interação social e do questionamento.) 3. aprender que o ser humano aprende corrigindo seus erros. (princípio da aprendizagem pelo erro.) 4. aprender que as perguntas são instrumentos de percepção e que definições e metáforas são instrumentos para pensar. (princípio da incerteza do conhecimento.) 5. aprender a partir de distintas estratégias de ensino. (princípio da não utilização do quadro-de-giz.) (Chirone, Moreira e Sahelices, p. 06, 2021).

Seguindo os princípios supra estabelecidos, podemos entender que a aprendizagem significativa crítica pode fundamentar metodologias de ensino baseadas na resolução de problemas, como, por exemplo, a ABP; visto que esta última tem como um de seus pilares a autonomia e protagonismo dos alunos, tal protagonismo na ABP se compraz com a condição de perceptor, citada por Chirone, Moreira e Sahelices.

ALFABETIZAÇÃO CIENTÍFICA

A alfabetização científica é sectária do desenvolvimento cidadão dos alunos, visto que tem como finalidade o empoderamento de conhecimentos científicos por parte dos mesmos. Ela visa promover mudanças a fim de proporcionar benefícios para as pessoas, para a sociedade e para o meio ambiente. Nas palavras de Sasseron

> [...] designa as ideias que temos em mente e que objetivamos ao planejar um ensino que permita aos alunos interagir com uma nova cultura, com uma nova forma de ver o mundo e seus acontecimentos, podendo modificá-lo e a si próprio através da prática consciente propiciada por sua interação cerceada de saberes de noções e conhecimentos científicos, bem como das habilidades associadas ao fazer científico (Sasseron, p. 27, 2008).

Já Chassot (2000) entende a alfabetização como sendo "o conjunto de conhecimentos que facilitariam aos homens e mulheres fazer uma leitura do mundo onde vivem". Neste sentido, Krasilchik e Marandino reiteram que

> [...] o domínio da linguagem científica é uma exigência ao cidadão do século XXI, [...] e decidir qual a informação básica para viver no mundo moderno, é hoje uma obrigação para aqueles que acreditam que a educação é um poderoso instrumento para combater e impedir a exclusão e dar aos educandos, de todas as idades, possibilidades de superação dos obstáculos que tendem a mantê-los analfabetos em vários níveis (Krasilchik e Marandino, p. 26, 2007).

Brandão (2022) afirma que em se tratando da educação básica, é de crucial importante que as metodologias de ensino adotadas partam de atividades problematizadoras em que os discentes possam estabelecer elos entre os conceitos abordados e suas realidades. "É fundamental que o ensino mostre a ciência como um elemento presente no dia-a-dia e que os conhecimentos adquiridos em sala de aula possam ser relacionados com a tecnologia, a sociedade e o meio ambiente". Tais entendimentos convergem com os caminhos traçados pela ABP, visto que nesta metodologia o aluno, por meio de sua ação protagonista, é levado a questionar, entender e resolver situações problemas pertinentes ao seu cotidiano.

METODOLOGIA

Considerando o objetivo apresentado, trata-se de uma pesquisa qualitativa descritiva, que pretendeu relatar uma experiência de análise de trabalhos científicos a fim de confirmar a ABP como metodologia significativa e eficaz no ensino de Química. Os artigos selecionados foram: Aprendizagem baseada em problema: aplicação e avaliação desta metodologia para o ensino de estequiometria; A utilização da aprendizagem baseada em problemas (ABP) para o ensino do princípio de Le'Chatelier e Aprendizagem baseada em problemas no contexto aromas: uma proposta de material paradidático para o ensino de funções orgânicas. Foram considerados critérios de seleção e escolha, o assunto abordado por meio da ABP, a série do Ensino Médio (1°, 2° e 3° ano) e ano de publicação.

RESULTADOS E DISCUSSÃO

O primeiro artigo analisado tratou do ensino do tópico estequiometria, em que a metodologia ABP foi desenvolvida com sessenta e seis alunos da 1ª série do ensino médio. no referido trabalho foram aplicados os sete passos propostos, segundo Ribeiro e Ribeiro 2011, para a metodologia (1. ler e analisar os problemas identificando e esclarecendo os termos desconhecidos; 2. identificar os problemas proposto pelo enunciado; 3. Listar o que já é conhecido pelo grupo sobre o assunto, criando hipóteses; 4. Desenvolver um relatório do problema, sobre o que o grupo está tentando solucionar; 5. Formular os objetivos da aprendizagem, como conceitos que devem ser aprendidos pelo grupo; 6. Estudo Individual dos assuntos levantados nos objetivos de aprendizagem; 7. Retorno ao grupo tutorial para rediscussão do problema e compartilhando no grupo de novos conhecimentos adquiridos no passo anterior.), foi aplicado um questionário para saber a opinião dos alunos acerca da ABP. Os resultados mostraram que ao utilizar a ABP houve indícios de uma aprendizagem significativa.

Relataremos aqui duas das situações problema que foram trabalhadas com os alunos:

Situação problema 1: Chuva Ácida

O problema 1 relata a formação da chuva ácida e afirma que para ser ácida esta deve ter um valor de pH abaixo de 5,6. A questão trouxe um experimento simples, dinâmico e de fácil acesso, para percepção desse fenômeno. Utilizando como materiais e reagentes: fenolftaleína, palito de fosforo, água, pote de vidro com tampa e hidróxido de sódio. No procedimento do experimento solicitava para se colocar água no pote de vidro até aproximadamente um quinto da sua altura; adicionar algumas gotas do indicador fenolftaleína; e algumas gotas de solução de amônia até que a solução mudasse de cor, acendesse um palito de fósforo dentro do frasco e deixasse a cabeça do fósforo queimar toda; retirando rapidamente o palito de fósforo de dentro do frasco e tampando-o, em seguida agitasse o frasco. A situação problema solicitava aos alunos uma explicação para cada etapa da sequência desses acontecimentos durante o experimento, e que descrevessem as consequências da chuva ácida. Ao final da questão foi proposto um cálculo estequiométrico simples, com a seguinte pergunta: Supondo que diariamente são lançados na atmosfera 1 milhão de toneladas de dióxido de enxofre, qual seria a massa de enxofre em kg contida em 1 milhão de toneladas de dióxido de enxofre?

Em relação ao desenvolvimento desse problema em sala, as autoras relatam:

> Os alunos responsáveis pela resolução desse problema relataram que não tiveram dificuldades em entender o que o problema estava solicitando. Após identificar a causa do problema, os alunos tiveram que propor uma solução para o caso, utilizando de seus conhecimentos prévios. Os estudantes não conseguiram descrever os acontecimentos que ocorreram no experimento proposto, mas mesmo assim resolveram os cálculos estequiométricos e identificaram as consequências da chuva ácida. A partir de pesquisas em livros e internet eles apresentaram soluções para o caso. A solução que encontraram para o experimento foi que, ao acender o fósforo, o agente oxidante inicia a queima do enxofre presente na cabeça do

fósforo e que esse combina com o ar oxigênio, produzindo dióxido de enxofre. Chegaram à conclusão de que na chuva ácida ocorre o mesmo, esse dióxido de enxofre se dissolve na água fazendo com que o meio fique ácido. Conferiram assim a formação da chuva ácida e suas consequências a saúde humana e ao meio ambiente (Carletto e Mendes, p. 47, 2011).

Situação problema 2: Aquecimento Global

Esse problema descreve o aquecimento global provocado pelo efeito estufa na atmosfera e relata os gases causadores desse fenômeno como: Dióxido de Carbono (CO_2), Metano (CH_4), Óxido Nitroso (N_2O), Hidrofluorcarbonos (HFCs), Perfluorcarbonos (PFCs) e por último o Hexafluoreto de Enxofre (SF_6). A situação problema destaca a combustão do metanol, produzindo dióxido de carbono e água e solicita um cálculo estequiométrico sobre a quantidade de CO_2 e água pela reação balanceada na queima de 160g de metano. Além disso, a situação explora as principais causas e consequências causadas pelo efeito estufa e as alternativas para diminuir esse problema ambiental.

Em relação ao problema 2, foram feitas as seguintes observações

> Os alunos classificaram como difícil os termos como Hidrofluorcarbonos (HFCs) e Perfluorcarbonos (PFCs) citados no problema, mas conseguiram identificar as causas envolvidas na questão e a reação envolvida no processo. Após as pesquisas, os componentes do grupo puderam solucionar a situação problema, comprovando seus levantamentos de hipóteses explicativas no passo três. Chegaram à conclusão de que as principais causas são queimadas de matas e florestas, a queima de combustíveis fósseis, como o petróleo e o carvão, e que a solução seria diminuir o uso de combustíveis fósseis (Carletto e Mendes, p. 48, 2011).

De forma geral, em relação a utilização de situações problemas para o ensino de Química, e no que tange o tópico de Estequiometria, as autoras concluem

> Durante a aplicação da metodologia ABP, notou-se a motivação e o interesse de grande parte dos alunos. Além disso, esses alunos

conseguiram realizar os sete passos propostos pela metodologia ABP, apesar de que, uma pequena intervenção teve que ser feita com orientações, norteando-os nas tomadas das decisões. No entanto, a proposta da ABP foi fiel no sentido de deixá-los resolverem sozinhos os problemas. A ABP pode trazer resultados eficazes no ensino médio, além de ter muito a colaborar para o processo de ensino e aprendizagem, pois torna o aluno mais crítico no seu modo de pensar e agir. Vale ressaltar que o sucesso da ABP não depende somente do conhecimento dos professores sobre a metodologia, mas é essencial possuir o conhecimento na área do ensino de pesquisa. Os professores da educação básica precisam procurar desenvolver atividades que tornem os alunos sujeitos ativos na busca do conhecimento, tornando assim as aulas mais dinâmicas e atraentes (Carletto e Mendes, p. 53, 2011).

O segundo artigo trata do ensino do princípio de Lê'Chatelier que, de acordo com os autores do trabalho *é considerado um dos assuntos mais complexos e abstratos para se aprender, pois o mesmo não é trabalhado de forma contextualizada desmotivando os estudantes* (Weiss e Souza, 2019, p 1). O trabalho foi desenvolvido com 82 alunos do segundo ano do ensino médio. Neste trabalho não foram descritos especificamente cada situação problema abordada com os alunos. Os autores relatam os resultados dos pré e pós testes aplicados

> Foi aplicado um pré-teste no início do primeiro encontro nas duas turmas [...] e era composto por quatro questões de múltiplas escolhas, onde os estudantes além de assinalarem a alternativa que julgaram correta, deveriam apontar também a explicação correspondente. O pré-teste obedeceu a seguinte organização: a primeira questão abordava a identificação das variáveis que afetam o equilíbrio químico; já a segunda, a terceira e a quarta questão abordavam sobre as consequências da variação da concentração, temperatura e pressão, respectivamente (Weiss e Souza, p. 03, 2019).

Em relação aos resultados obtidos após a aplicação da metodologia, os autores afirmam

> [...] os grupos de estudantes compreenderam a ideia principal do tema trabalhado nesta pesquisa, o que é verificado nas altas

porcentagens apresentadas (100% no primeiro e terceiro direcionamento e 85,7% no segundo direcionamento). No entanto, nenhum dos grupos trabalhou os conceitos em termos da expressão matemática da constante de equilíbrio (Kc). Sendo que esta linha de raciocínio é abordada no livro didático usado como fonte nos estudos independentes. Uma das possíveis explicações para o fato dos estudantes não abordarem a parte matemática, pode ser que nos direcionamentos da situação problema não solicitavam de forma direta esta relação (Weiss e Souza, p. 05, 2019).

A análise geral dos autores no que diz respeito a aplicação da ABP é que

> No caso da presente pesquisa, os direcionamentos foram mais "abertos" o que mostrou em alguns aspectos que os estudantes ainda não desenvolveram autonomia para a construção de seus conhecimentos, o que refletiu nas respostas incompletas dadas aos direcionamentos da situação problema [...] como nos níveis de ensino anteriores não se trabalha de forma efetiva a capacidade de resolução de problemas, ao introduzir a ABP deve-se formular direcionamentos bem objetivados, com restrições, e apresentar alguns procedimentos de soluções para que de forma gradual os estudantes desenvolvam estas habilidades. Desta forma, a mediação durante o desenvolvimento da ABP é essencial para que os estudantes alcancem uma discussão adequada dos questionamentos, principalmente nas primeiras vezes, alinhadas aos objetivos propostos pelo professor (Weiss e Souza, p. 05, 2019).

Os autores concluem que

> Sendo assim, a aprendizagem baseada em problemas pode ser uma estratégia de ensino alternativa para o ensino do Princípio de Le Chatelier de uma forma mais contextualizada, mesmo não mostrando diferenças significativas nos aspectos conceituais e motivacionais quando comparada ao método tradicional (Weiss e Souza, p. 11, 2019).

Por fim, o terceiro artigo trata da Aprendizagem baseada em problemas para o ensino de funções orgânicas. O trabalho foi desenvolvido com estudantes do terceiro ano do ensino médio, com os quais foi desenvolvida a temática "aromas"por meio da aplicação da ABP. Ao que concerne o ensino de Química, Oliveira *et al* (2021) p. 01, afirmam que *O estudante de hoje, apesar de ter acesso facilitado aos meios de pesquisa e informação, não se sente estimulado a fazer uma investigação acerca dos conteúdos vistos em sala de aula. Assim, sugere-se que novas alternativas de ensino sejam adotadas pelos docentes, na tentativa de estimular o interesse pela disciplina.* Neste sentido, os autores desenvolveram um guia para-didático, com o objetivo de contextualizar as aulas de Funções Orgânicas, utilizando a temática supracitada.

Ainda no tocante ao ensino de Química os autores afirmam

> Uma tentativa de minimizar a resistência dos estudantes do Ensino Médio, em relação à Química, é propor aos professores a utilização de estratégias de ensino que facilitem a aprendizagem e estimulem o raciocínio e a reflexão. É preciso criar alternativas ao modelo de Ensino Tradicional, do qual o educando é sujeito passivo do ensino, o que reflete no desinteresse da maioria dos estudantes pela ciência. E cada vez mais, torna-se necessário encontrar meios pelos quais se possa fazer a ligação do conteúdo curricular, com o conhecimento prévio do educando e o contexto vivenciado. Aproximar sua vivência aos conteúdos trabalhados em sala de aula poderá tornar a aprendizagem significativa, e a metodologia adotada deve permitir uma interdisciplinaridade, para que haja conexão entre as diversas áreas do conhecimento, e assim os estudantes consigam interpretar sua realidade como um conjunto de peças associadas e não elementos separados, sem nenhuma coesão e significância (Oliveira, Candito e Braibante, p. 02, 2021)

Neste viés, entende-se que a escolha de uma metodologia de aprendizagem focada no estudante acentua a importância da aprendizagem baseada em problemas visto que da possibilidade para o desenvolvimento de práticas educacionais voltadas para o trabalho em grupo, promovendo a reflexão e a criticidade (Souza e Dourado, 2015).

Em relação ao uso da temática *aroma* voltada para o ensino das funções inorgânica os autores afirmam

> É possível estabelecer relações conceituais entre a temática Aromas proposta neste trabalho com diversos conteúdos de Química do

Ensino Médio. Nessa perspectiva, a investigação das condições para que as moléculas atinjam os receptores da língua e do nariz, até os requisitos necessários para sua interação com os receptores presentes nessas duas partes e, posteriormente, a interpretação dessas informações no cérebro, por exemplo, possibilitam uma ampla abordagem de muitos conteúdos de Química (Oliveira, Candito e Braibante, p. 03, 2021).

O trabalho foi realizado em quatro turmas de 3º ano do Ensino Médio (117 estudantes). Foi elaborado um roteiro em que, por meio da ABP, os conteúdos de Química a serem ministrados pudessem ser contextualizados com situações cotidianas dos estudantes. Os autores explicam que a aplicação do conteúdo se deu da seguinte forma: *O conteúdo de funções orgânicas foi aplicado para as turmas T_1 e T_2 por meio do Ensino Tradicional (ET) e utilizando a ABP, a partir da temática, por meio de uma história criada pelos autores, para as turmas T_3 e T_4. Entre os instrumentos de avaliação, foram elaborados e distribuídos questionários, exercícios e feitas anotações pelo professor acerca das concepções iniciais dos estudantes sobre a temática, buscando identificar as noções prévias dos sujeitos sobre estruturas orgânicas, aplicações no cotidiano e as propriedades físico-químicas de substâncias relacionadas.*

Para as turmas T_1 e T_2, os conteúdos de Química orgânica foram desenvolvidos de forma tradicional: esquemas no quadro branco, exercícios propostos e leituras de textos do livro didático. Já para as turmas T_3 e T_4, foi aplicada a proposta de trabalho com a ABP, na qual se incluiu a atividade de pesquisa norteada pelo problema "O caso da troca de essências", parte integrante de uma pesquisa de mestrado intitulada "Aromas: contextualizando o ensino de Química através do olfato e paladar" de Oliveira (2014).

Os estudantes das turmas T_3 e T_4 apresentaram um melhor desempenho em relação a identificação e caracterização das funções orgânicas associadas ao tema Aromas, na palavra dos autores

Exercícios baseados na identificação de funções orgânicas com estruturas simples, apenas para diferenciar um álcool de um fenol ou enol, por exemplo, demonstraram que, ao longo das atividades, houve uma melhora em ambas as turmas. Entretanto, destacou-se o aprimoramento dessas caracterizações pelos estudantes das

A APRENDIZAGEM BASEADA EM PROBLEMAS NO ENSINO DE QUÍMICA

turmas 3 e 4. Quando se ampliou o questionamento para exercícios que traziam estruturas orgânicas mais complexas, ou seja, formadas por mais de uma função orgânica, notou-se significativa melhora na identificação dessas substâncias, comparando-se novamente as respostas obtidas. Ficou evidente que, por meio das metodologias empregadas no processo, os estudantes foram capazes de se apropriar do entendimento acerca dos grupos funcionais e assim obtiveram uma clareza maior na hora de indicar os grupos presentes em cada fórmula estrutural apresentada nos exercícios (Oliveira, Candito e Braibante, p. 15, 2021).

Por fim os autores expõem em suas considerações finais que

Enquanto o método tradicional expõe primeiro o conteúdo ao aluno e, posteriormente, busca a sua aplicação na resolução de um problema, o método da ABP defende que, através de um problema, identifiquem-se as dificuldades na aprendizagem, e orienta a busca da informação para a resolução de um problema, o que poderá ser replicado em situações futuras semelhantes [...] Reconhecer a realidade do contexto escolar e estimular a prática, pesquisa e autonomia dos sujeitos só é possível quando o Ensino de Química é planejado de acordo com as necessidades dos estudantes. A proposta do aprender pelo desafio na busca pela solução de problemas, cercada de uma riqueza de detalhes de um contexto, como o dos aromas, promove no processo de ensino-aprendizagem a construção do conhecimento de forma mais efetiva e menos traumática. Portando, a estratégia do uso da ABP associada à temática rendeu bons resultados entre os estudantes, abrindo caminho exploratório desses recursos para outros conteúdos e disciplinas (Oliveira, Candito e Braibante, p. 19, 2021).

CONSIDERAÇÕES FINAIS

Este estudo propôs-se a analisar três artigos científicos, com a finalidade de demonstrar a aplicação e as contribuições da ABP para o ensino de química na educação básica em diferentes situações e contextos. Dentre os pontos analisados estavam: a natureza dos problemas, os meios que levaram à sua elaboração e os processos avaliação utilizados após a aplicação da metodologia. Tal análise nos levou ao entendimento que a referida metodologia estimula a reflexão e, com isso, auxilia na melhoria e desenvolvimento do ensino de Química na educação básica, visto que permite a percepção de diferentes caminhos para uma prática pedagógica voltada para o protagonismo discente e para uma educação contextualizada, significativa crítica e desafiadora.

REFERÊNCIAS

BRANDÃO, C. 2022. **A importância da alfabetização científica na educação básica.** Disponível em: https://www.geekie.com.br/blog/alfabetizacao-cientifica.

CARLETTO, B. M.; MENDES, F. N. A; BIANCO, G. Aprendizagem baseada em problemas: aplicação e avaliação desta metodologia para o ensino de estequiometria. **Atividades de Ensino e Pesquisa em Química**. Editora Atena 2019. CAP. 5 P. 48.

CHASSOT, Áttico Inácio. Alfabetização científica e cidadania. In: _____. Alfabetização científica: questões e desafios para a educação. Ijuí: UNIJUI, 2000.

CHIRONE, A. R. da R., MOREIRA, M. A. e SAHELICES, C. C. **Análise da utilização de um organizador prévio para a Aprendizagem Significativa Crítica do conceito de números irracionais**. Comunicação oral realizada no 7º Encontro Nacional de Aprendizagem Significativa. Blumenau-SC, Anais eletrônicos. p. 118-123. 2018.

FREIRE, P. **Pedagogia da autonomia**: saberes necessários à prática educativa. Editora Paz e Terra. 25ª edição. São Paulo: 1996.

GERMANO, CAROLINA M. et al. Utilização de Frutas Regionais como Recurso Didático Facilitador na Aprendizagem de Funções Orgânicas. **XV Encontro Nacional de Ensino de Química (XV ENEQ)** – Brasília, DF, Brasil – 21 a 24 de julho de 2010.

OLIVEIRA, F. V. CANDITO, V. BRAIBANTE, M. E. F. Aprendizagem baseada em problemas no contexto aromas: uma proposta de material paradidático para o ensino de funções orgânicas. **Ciência e Natura**, Santa Maria, v. 43, 2021.

KRASILCHIK, Myriam; MARANDINO, Martha. Ensino de ciências e cidadania. 2. ed. São Paulo: Moderna, 2007

MENDONÇA, S. C. SILVA, T. P. Dificuldades no ensino de estequiometria: algumas reflexões. **Congresso Nacional de Pesquisa e Ensino – CONAPESC**. 2019

MORAN, J. Metodologias ativas para uma aprendizagem mais profunda. In: BACICH, L.; MORAN, J. (org.). **Metodologias ativas para uma educação inovadora**: uma abordagem teórico-prática. Porto Alegre: Penso, 2018. Cap. 1, p. 1-25.

MOREIRA, Marco Antonio. **Subsídios Didáticos para o Professor Pesquisador em Ensino de Ciências.** Instituto de Física, UFRGS, Brasil 2009 (1ª edição), (2ª edição revisada) Porto Alegre, 2016.

MUHLBEIER, C. H.; CARVALHO, C. de A. Compreensão do conceito de equilíbrio químico por estudantes de ensino médio, com foco no uso de analogias. **33º EDEQ. Movimentos Curriculares da Educação Química: o Permanente e o Transitório.** Ijuí/RS, 2013.

RIBEIRO, V. M. B.; RIBEIRO, A M. B.. A aula e a sala de aula: um espaço-tempo de produção de conhecimento. Rio de Janeiro: **Revista do Colégio Brasileiro de Cirurgiões**, 2011.

ROHLFES, A. L. B.; KROTH, A. C.; FOESCH, H. H. K.; BACCAR, N. M. Ensino de funções orgânicas atravé da temática medicamentos. Seminário Institucional PIBID/Universidade de Santa Cruz do Sul/RS. 2015

SANTOS, L.C.; SILVA, M.G. Conhecendo as dificuldades de aprendizagem no ensino superior para o conceito de estequiometria. **Revista Acta Scientiae, Canoas**, V.16, n.1, 2014, p.133-152

SASSERON, L. H. Alfabetização científica no ensino fundamental: estrutura e indicadores deste processo em sala de aula. USP: 2008

SILVA, D. V. Reflexões sobre obstáculos epistemológicos e níveis de representação na aprendizagem do conceito de equilíbrio químico. **Revista Ensino & Pesquisa**, v.14, Suplemento Especial 2016, p.132-141.

SILVA, E. T.; SÁ. R. A. A resolução de problemas: uma estratégia didática para abordagem contextualizada de conteúdos de química orgânica no ensino médio. **IV Congresso Nacional de Educação**. 2017.

SOUZA, K. A. F.; CARDOSO, A. A. Aspectos macro e microscópicos do conceito de equilíbrio químico e de sua abordagem em sala de aula. In: **Química Nova na Escola**. fevereiro, n. 27, 2008, p. 51-56.

SOUZA, S. C.; DOURADO, L. Aprendizagem Baseada em Problemas (ABP): um método de aprendizagem inovador para o ensino educativo. **Holos**, v. 5, 2015.

WEISS, J. P. SOUZA, C. F. A utilização da aprendizagem baseada em problemas (ABP) para o ensino do princípio de Le Chatelier. **IV Seminário Internacional de Representações Sociais, Subjetividade e Educação – SIRSSE.** 2019

CAPÍTULO 7

OS OBSTÁCULOS EPISTEMOLÓGICOS PRESENTES NO ENSINO DO MODELO ATÔMICO DE THOMSON: UMA ANÁLISE CRÍTICA UTILIZANDO UMA NARRAÇÃO MULTIMODAL

Virna Pereira de Araújo
Eduardo da Silva Firmino
Ana Karine Portela Vasconcelos

Resumo

A compreensão sobre a composição da matéria, mais especificamente sobre a estrutura atômica, é fundamental para aprender diversos conceitos da química, e aprender química está relacionada com a formação do cidadão, pois este conhecimento lhe possibilitará uma visão crítica e consciente em relação ao mundo e a sua realidade. Por isso, a necessidade de investigar como os alunos constroem ou entendem tais conceitos. Com base nisso tem- se como objetivo desta pesquisa identificar os possíveis obstáculos epistemológicos presentes no ensino no modelo atômico Thomson utilizando uma narração multimodal do acervo de Narrações Multimodais (NM) da Trás-os-Montes e Alto Douro (UTAD), em Vila Real – Portugal. A ferramenta de pesquisa que foi utilizada nesta pesquisa é a Narrativa Multimodal. Foi retirado do acervo NM criado por professores pesquisadores da UTAD. A NM escolhida foi a que abordasse o tema de modelos atômicos e/ou o modelo atômico de Thomson, esta NM é de uma aula do professor Ricardo 9 º do ensino formal, que é como é chamado o ensino fundamental em Portugal, e construída pela investigadora Diana. A partir do que já foi discutido com relação aos OE e ao modelo atômico de Thomson tem-se as seguintes categorias de análise da NM: categoria (A) – Intervenções feitas pelos alunos acerca do modelo de Thomson com presença de OE e categoria (B) – Intervenções feitas com reforço aos OE feita pelo professor acerca do modelo de Thomson. A formação consistente e segura de conceitos para facilitar a produção e obtenção do conhecimento deve ser trata com sua devida importância os OE não contribuem para isso. Assim, esta pesquisa contribuiu com o meio acadêmico para a busca de meios de identificar esses OE e que possam ser superados pelos professores, atendando-se sempre para uso dessas analogias que podem ser fontes de distanciamento do conhecimento científico.

Palavras-chave: Modelo Atômico. Obstáculos Epistemológicos. Thomson. Narrações Multimodais.

INTRODUÇÃO

A compreensão sobre a composição da matéria, mais especificamente sobre a estrutura atômica, é fundamental para aprender diversos conceitos da química e entender como a química está relacionada à formação do cidadão. Esse conhecimento proporciona uma visão crítica e consciente em relação ao mundo e à realidade do indivíduo. Por isso, é importante investigar como os alunos constroem ou entendem tais conceitos.

A discussão sobre a constituição da matéria teve início no período antes de Cristo, com os filósofos gregos Leucipo e Demócrito. A partir de suas observações e questionamentos, eles chegaram à conclusão filosófica de que, ao dividir a matéria continuamente, ela chegaria a um ponto em que se tornaria indivisível, chamando essa última parte de "átomo," que vem do grego "a," significando "não," e "tomos," que significa "parte" (LUCRÉCIO, 1964 apud ZANETIC; MOZENA, 2009, p. 129).

Essa ideia de que a matéria era constituída por átomos não foi aceita durante muito tempo, pois prevalecia o pensamento de Empédocles de que a matéria era composta pelos quatro elementos: terra, água, fogo e ar, e também a contribuição de Aristóteles, que acreditava na existência de duas duplas de qualidades contrárias (VIANA, 2007).

Com o passar dos anos e os avanços científicos, outros modelos atômicos foram formulados, como o de Dalton, que baseou sua teoria nas descobertas de Proust e Lavoisier, afirmando que o átomo, que ele chamava de "partícula última," seria maciço e indivisível (DUTRA, 2019). Em seguida, surgiu o modelo atômico de Thomson, que será abordado em detalhes no próximo tópico, pois foi o foco principal desta pesquisa.

Considerando a importância da compreensão desses conceitos para a construção de entidades-chave e do conhecimento químico, é necessário entender quais fatores irão interferir na aprendizagem dos alunos no contexto da evolução do modelo atômico. Os Obstáculos Epistemológicos (OE) apresentados por Bachelard são entraves que vem sendo amplamente discutidos e que podem interferir na compreensão e aprendizagem dos alunos. Com base nisso tem-se como objetivo desta pesquisa identificar os possíveis obstáculos epistemológicos presentes no ensino do modelo atômico de Thomson utilizando uma narração multimodal do acervo de Narrações Multimodais (NM) da Universidade Trás-os-Montes e Alto Douro (UTAD), em Vila Rela – Portugal.

REFERENCIAL TEÓRICO

Nesta seção serão apresentados os seguintes subtópicos para uma melhor compreensão acerca dessa pesquisa: os obstáculos epistemológicos, que será descrito o que são esses OE e quais são os OE que podem ser encontrados no processo de construção do conhecimento científico. O próximo subtópico aborda sobre o átomo de Thomson, primeiro em uma perspectiva histórica e depois em uma visão mais epistêmica, de acordo com o pensamento de Bachelard.

Obstáculos Epistemológicos

Os Obstáculos Epistemológicos (OE), como mencionados por Bachelard (1988), são os entraves gerados no processo de construção do conhecimento científico, seja no desenvolvimento histórico da ciência, seja no ensino desse conhecimento científico nas escolas ou universidades.

Gaston Bachelard (1884 – 1962), em sua longa carreira acadêmica, apresentou teorias sobre vários assuntos relacionados à história e filosofia da ciência. Em sua epistemologia, o principal destaque é a necessidade de se formar o que ele denomina de "novo espírito científico" (BACHELARD, 1996). Além disso, afirma que o conhecimento científico é um eterno questionamento, ou apenas um eterno "não". No entanto, esse "não" nada tem a ver com sua negatividade em si, mas no sentido de conciliação, ou seja, o novo conhecimento ou nova experiência rejeita conhecimentos antigos ou experiências antigas e, portanto, é um passo em direção ao conhecimento científico (VILATORRE; HIGA; TYCHANOWICZ, 2009).

Bachelard (1996, p. 293), em seu livro explica que "[...] o espírito científico vence os diversos obstáculos epistemológicos e se constitui como conjunto de erros retificados. [...] A psicologia da atitude objetiva é a história dos nossos erros pessoais". Este erro mencionado por ele é causado pelos chamados Obstáculos Epistemológicos (OE). Diante disso, é necessário saber como um tema deve ser tratado e apresentado em sala de aula, pois as diferentes interpretações que os alunos podem ter para pensar criam dificuldades na construção na compressão do aluno em relação ao conteúdo apresentado a ele.

No processo de ruptura dos conhecimentos antigos, sejam eles empíricos ou científicos, podem surgir os obstáculos epistemológicos, conforme mencionado por Bachelard (1996). Isso estabelece uma relação entre as características epistemológicas e os OE. Acredita-se que as características epistemológicas de uma determinada cultura influenciam a natureza dos obstáculos epistemológicos superados por essa comunidade. Por exemplo, o conhecimento de uma certa tribo indígena sobre uma planta específica ser venenosa ou possuir propriedades medicinais. Dessa forma, é possível compreender que a construção do conhecimento científico decorre da superação desses OE.

De modo geral, os obstáculos epistemológicos teorizados por Bachelard (1996) se classificam em sete (7): o obstáculo realista, animista, o obstáculo verbalista, também conhecido como obstáculo verbal, obstáculo substancialista, o obstáculo do conhecimento geral, também chamado de generalista, a experiência primeira e o obstáculo unitário e pragmático

O primeiro obstáculo a ser superado para a formação do espírito científico é o *obstáculo da "experiência primeira"*, ou obstáculo imediata, apontado por Bachelard (1996), pois abrange a intuição humana, fantasia, paixão, desejo, motivação, sentimento e vaidade do saber. Portanto, para ele, um espírito pré-científico possui um receio com relação aos fenômenos mesmo antes de procurar uma explicação para tais.

O *obstáculo do Conhecimento Geral* consiste na generalização de conceitos, fenômenos ou leis. Esse OE está diretamente relacionado ao da experiência primeira, pois transforma em verdade generalizações feitas apenas de observações. Para o filósofo, essa busca rápida pela generalização pode provocar algumas generalizações mal colocadas, principalmente porque não estão diretamente relacionadas às evidências presentes nos fenômenos generalizados (BACHELARD, 2016).

Já o *obstáculo Animista*, que foi formulado por Bachelard (2016) baseado no construto teórico do fetichismo da vida, onde ele afirma que "seria fácil indicar a confusão entre o vital e o material com referência à ciência antiga ou à ciência medieval" (BACHELARD, 2016 p. 186). Isso ocorre devido ao valor atribuído aos reinos pertencentes à natureza, o animal e vegetal, quando comparado ao reino mineral.

O *obstáculo Realista* é baseado no sentimento do ter, que prevalece acima de quaisquer outros. Esse pensamento é formado a partir do senso comum e tem a capacidade de produzir uma ciência do geral e superficial, de forma resumida (BACHELARD, 2016).

O *obstáculo Verbal*, de acordo com Bachelard (2016), decorre do uso de palavras, termos científicos, analogias, jargões e metáforas de forma única para explicar algum conceito ou fenômeno, como constituição de toda a explicação. O autor se utiliza do exemplo da esponja para explicar como esse obstáculo funciona, para ele a função da esponja já é clara e distinta, na qual não se é necessário explicar, assim ao utilizar a palavra esponja para explicar algum fenômeno o aluno não formulará a teoria acerca deste fenômeno, mas sim pensará apenas na função da esponja nele. Então Bachelard (2016, p. 91), afirma que: "À esponja, corresponde, portanto, um *denkmittel* do empirismo ingênuo". Esta pode ser entendida como "meio de pensamento" ou "instrumento de pensamento" do empirismo ingênuo, indicando que a esponja é uma representação simbólica ou um exemplo dessa atitude epistemológica, onde a mente simplesmente absorve informações sensoriais sem filtrá-las, analisá-las ou questioná--las (BACHELARD, 2016).

Para o *obstáculo Substancialista*, Bachelard (2016) elenca que este OE foca apenas no que está evidente, ou seja, naquilo que é superficial. Assim, esse obstáculo parte da observação superficial de um objeto ou fenômeno, atribuindo-lhe explicações baseadas em suas características. Um exemplo básico é afirmarmos que a cor amarela é intrínseca ao Ouro (LOPES, 2007).

O *obstáculo ao Conhecimento Científico* é o conhecimento unitário e pragmático, referindo-se a uma valorização abusiva do conhecimento ou fenômenos a serem abordados. A perfeição desses fenômenos é tratada como um princípio fundamental para a explicação pelo espírito pré-científico, mas não para a formação do novo espírito científico (BACHELARD, 2016).

O Modelo Atômico de Thomson

Antes de discutirmos o modelo atômico de Joseph John Thomson (1856-1940), é necessário compreender o contexto histórico em que ele se encontra. O final do século 19 foi marcado por uma série de estudos em várias áreas científicas, como física, química e astroquímica. Descobertas como a radioatividade, raio catódico, espectroscopia, efeito Zeeman e química quântica surgiram e ganharam destaque na comunidade científica da época, desempenhando um papel crucial nas concepções da teoria atômica (MELZER *et al.*; 2008).

De acordo com Lopes (2009), pesquisadores realizavam estudos em diferentes campos que foram de grande relevância para o desenvolvimento da ciência. O autor também destaca as pesquisas-chave de cada pesquisador em seus respectivos campos, mostrando que todas essas pesquisas estavam relacionadas ao surgimento das teorias atômicas, pois todos eles investigavam os efeitos gerados pela composição da matéria.

Outro aspecto importante na formulação da teoria atômica foi a criação de um grupo de pesquisa que incluiu os principais físicos experimentais de Cambridge, reunidos em 1874 nas instalações do Laboratório Cavendish, considerado há muito tempo o maior centro de pesquisa sobre a constituição da matéria. Esse grupo teve um grande impacto devido às pesquisas de Thomson, Rutherford, Nicholson, entre outros (FITZPATRICK; WHETHAM, 1910)

Lopes (2009) afirma que Thomson iniciou seus estudos cedo, ainda adolescente, por volta dos 14 anos. Ele estudou engenharia no Owens College, mas se interessou por física e leis químicas, bem como pela teoria atômica de Dalton. Em sua vasta pesquisa acadêmica, ele sempre tratou da eletricidade e do átomo. Thomson começou a estudar o átomo de vortex de Lord Kelvin e publicou seu primeiro livro: "Um Tratado sobre o Movimento dos Anéis de Vórtice" (1883), que sugere que a combinação máxima possível dos átomos eram seis e o número de vórtices que um átomo possuía era igual à sua valência (CHAYUT, 1991).

A teoria do átomo *vortex* atraiu muitas críticas, principalmente de Friedrich Wilhelm Ostwald (1853-1932), agora conhecido como o pai da físico-química, e Arthur Schuster (1851-1934), físico britânico. Em 1890, Thomson decidiu mudar sua metodologia e se concentrar mais em teorias que tinham uma representação mais mecânica. em vez de matemática (CHAYUT, 1991).

A publicação, em 1897, do artigo *"On the Cathode Rays"*, lhe rendeu o Prêmio Nobel de Física por sua pesquisa experimental sobre o comportamento da eletricidade em gases, que teve impacto internacional e gerou um debate. Alguns cientistas alemães pensaram nos raios catódicos como partículas, enquanto outros franceses e ingleses os consideraram algum tipo de onda (THOMSON, 1985, p. 291).

Somente em 1904 que J. J. Thomson apresentou sua teoria atômica com base em sua pesquisa, que buscava entender como a distribuição de elétrons surgia a partir de cálculos eletrônicos de carga e massa. Ele propôs a seguinte teoria:

> Nós temos primeiramente uma esfera positiva uniformemente eletrificada, e dentro dessa essa esfera um número de corpúsculos distribuídos numa série de anéis paralelos, o número de corpúsculos varia de anel para anel: cada corpúsculo está girando em alta velocidade na circunferência do anel que está situado, e os anéis estão distribuídos de forma que os com maior número de corpúsculos estão mais próximos da superfície da esfera, enquanto aqueles com menor número de corpúsculos estão mais internos (Thomson, 1904, p. 254-255).

Esta teoria foi baseada em cálculos para demonstrar a quantidade de partícula transportada por cada anel, e ao longo do tempo, Thomson detalhou o modelo atômico usando analogias, exemplos e gráficos, incluindo a exibição da distribuição eletrônica de átomos com 1 a 100 corpúsculos. Ele demonstrou suas ideias sobre reações ou combinações químicas, trocas corporais, eletronegatividade, eletropositividade e valência (THOMSON, 1907). Destacando que: "os termos eletronegatividade e eletropositividade são apenas relativos, e um elemento pode ser eletropositivo para uma substância e eletronegativo para outra" (THOMSON, 1907, p. 126).

A partir da descoberta do elétron por J. J. Thomson, ele confirma que, com esses fenômenos elétricos demonstrados, foi possível desvendar a complexidade de certos átomos. Mas quem o chamou de elétron foi *George Johnstone Stoney* em 1932, porque na realidade Thomson postulou que o átomo tinha cargas negativas e as chamou de corpúsculos (PULLMAN; REISINGER, 1998).

Com a descoberta da existência do elétron, Bachelard (2009) incluiu uma nova epistemologia, na qual proporcionou a união da teoria com a experimentação, visto que o problema ainda era provar que o átomo existia. E para apresentar a ruptura entre as diferentes formas de experimentação, o autor, por meio de J. J. Thomson, relaciona algumas questões envolvidas na diferença de interpretação e nos avanços alcançados ao se considerar o átomo eletrificado:

> [...] devem-se ao fato de que um átomo não eletrizado nos engana tão bem que, enquanto o número de átomos não ultrapassar 1 bilhão, não temos nenhum meio sensível para constatar sua presença; [...] O átomo ou a molécula eletrizada, porém, é bem menos discreto, a tal ponto que foi possível, em alguns casos, detectar a presença de um único átomo eletrizado; (THOMPSON, 1919 apud BACHELARD, 2009, p. 141).

Assim, na química contemporânea da década de 1930, cátions e ânions eram cada vez mais vistos pela comunidade científica como elementos passíveis para explicação das reações químicas. Destacando que para comprovar é só consultar "[...] um livro didático [...] para ver a novidade e a simplicidade que as considerações elétricas trazem à coordenação das experiências químicas" (BACHELARD, 2009, p. 141).

Os modelos atômicos onde os elétrons ficam parados, são chamados por Bachelard (2009) de modelos estáticos, neste enquadra-se o modelo postulado por Thomson, já os que se encontram em movimento são intitulados de modelos cinéticos. Portanto, o autor apresenta as dificuldades que um modelo atômico desse tipo apresenta, principalmente por divergirem com o que já tido como verdade absoluta. Em primeiro lugar, o autor aponta que em um átomo existem corpúsculos de carga positiva de um lado e no outro lado corpúsculos com cargas negativas. Mas de Coulomb sabe-se que: "[...] cargas de nomes contrários se atraem na razão inversa do quadrado da distância. Para as distâncias interatômicas, muito pequenas, a força de atração deve ser enorme" (BACHELARD, 2009, p. 153). Então, estas cargas devem entrar em contato e possivelmente se percam uma da outra, neutralizando, podemos então perceber uma contradição.

É por isso que Thomson tentou encontrar uma solução para resolver este problema na sua teoria, das cargas opostas. Ele adicionou ao seu postulado a força repulsiva de corpos com cargas iguais, alegando que quando as distâncias entre os elétrons eram pequenas, a energia de repulsão predominava, evitando a colisão de cargas opostas (BACHELARD, 2009). Esse modelo atômico proposto por Thomson apresentou um avanço significativo no entendimento da estrutura do átomo e suas características elétricas. A descoberta do elétron e as teorias subsequentes sobre a distribuição dos elétrons dentro do átomo abriram caminho para uma nova era na química.

METODOLOGIA

A ferramenta de pesquisa utilizada neste trabalho é a Narrativa Multimodal, retirada do acervo NM criado por professores pesquisadores da UTAD. A Narrativa Multimodal escolhida abordou o tema de modelos atômicos e/ou o modelo atômico de Thomson, sendo esta NM de uma aula do professor Ricardo para o 9º ano do ensino formal (assim é chamado o ensino fundamental em Portugal), e foi construída pela investigadora Diana.

A NM é um documento que descreve de forma cronológica e multimodal os acontecimentos da aula, captando as ações, falas e gestos do professore e dos alunos. Para a sua construção são recolhidos todos os dados, sejam estes dependentes ou independentes do professor que leciona a aula de acordo com o protocolo descrito por Lopes *et al.* (2014).

Para a identificação dos OE presentes na NM, utilizou-se a abordagem metodológica da análise de conteúdo, sugerida por Lopes *et al.* (2014). A análise de conteúdo é definida por Bardin (1977, p. 42) como:

> conjunto de técnicas de análise das comunicações visando obter, por procedimentos sistemáticos e objetivos de descrição do conteúdo das mensagens, indicadores [...] que permitam a inferência de

conhecimentos relativos às condições de produção/recepção (variáveis inferidas) destas mensagens (p. 42).

Assim, os conteúdos da NM serão classificados e categorizados, condensando esses conteúdos em suas propriedades elementares. Essa categorização será descrita na próxima seção, que apresentará os resultados da análise.

RESULTADOS E DISCUSSÃO

A partir do que já foi discutido com relação aos OE e ao modelo atômico de Thomson tem-se as seguintes categorias de análise da NM: categoria (A) – Intervenções feitas pelos alunos acerca do modelo de Thomson com presença de OE e categoria (B) – Intervenções feitas com reforço aos OE pelo professor acerca do modelo de Thomson.

A categoria (A) apresenta-se no trecho 1 da NM, ao professor indagar aos alunos quais eram as características do modelo atômico de Thomson uma aluna responde que era a presença de elétrons de carga positiva, este se enquadra como um OE substancialista, pois a aluna definiu de forma equivocada que os elétrons possuem carga positiva, quando na verdade possuem carga elétrica negativa. E de acordo com Bachelard (1996) este OE está presente ao tentar explicar algum fenômeno ou teoria de forma simplificada, mas acaba explicando de forma incoerente ou errônea. O professor aparentemente logo percebe o equívoco da aluna, pois a indaga se os elétrons possuem carga positiva.

Trecho 1 da NM, página 455:

Professor *– então, estas são as características para o modelo de Dalton. Qual foi o modelo que vocês falaram a seguir? Cronologicamente, a seguir ao Dalton apareceu o de?*

Margarida *– Thomson.*

Professor *– então para o modelo de Thomson (escreve no quadro) ... quais eram as características do modelo de Thomson?*

(toca à saída, enquanto uma aluna dá a resposta. O professor pede para repetir a resposta. Não tinha ouvido devido ao toque).

Inês *– os eletrões de carga positiva em torno do núcleo estavam distribuídos uniformemente.*

Professor – os eletrões têm carga positiva?

Assim como no trecho 1, no trecho 2 também é identificado o OE substancialista, pois o aluno também explica de forma simplificada o modelo atômico de Thomson, pois este afirma que o átomo era uma esfera maciça e carga positiva. Vale ressaltar que os alunos dentro desse episódio da NM tiveram um tempo para pesquisaram os modelos atômicos em diversas fontes. Nesse mesmo trecho tem-se a fala da aluna Margarida que afirma que os elétrons estavam distribuídos uniformemente, assim mesmo que de forma simplificada ela tenta complementar a fala do seu colega. Realmente os elétrons estavam organizados de forma uniforme e não aleatória, isso de acordo com o artigo de Thomson que foi mostrado na seção 2.2 deste trabalho.

Trecho 2 da NM, página 455:

Professor – como é que Thomson via o átomo?
Júlio – como uma esfera maciça e carga positiva.
O professor repete a resposta, enquanto a escreve no quadro – e mais? Era só isto que ele dizia?
Margarida – os eletrões estavam distribuídos uniformemente pela carga

Já trecho 3, pode-se identificar o OE realista, no exato momento em que uma aluna faz uma comparação do modelo de Thomson com o pudim de passas. Lopes (1992) cita, que este OE ocorre quando não é possível abstrair as explicações microscópicas dos fenômenos, apenas as macroscópicas. Como, por exemplo, o caso a seguir do trecho 3 que mostra uma representação de distorções conceituais e representacionais relacionadas ao modelo de Thomson cientificamente aceito (LEITE *et al.*, 2006).

No trecho 3 também é identificado com base na categoria (B), no qual o professor reforça o OE realista do aluno sobre o modelo atômico de Thomson, no momento em que ele confirma que está correto e não apresenta teoria dele.

Trecho 3 da NM, página 456:

Professor – e que é que Thomson dizia mais?
Sónia – era tipo um "pudim de passas" – diz simultaneamente com outros alunos.
Professor – porquê?

– O pudim era a esfera e as passas era o que estava dentro do pudim – continua a Sónia.

Professor *– é isso mesmo. Ouviram o que a Sónia disse? Repete lá Sónia.*

A Sónia repete enquanto o professor vai escrevendo a reposta da aluna no quadro – então o pudim era a esfera (repete com a confirmação da aluna), que era a carga elétrica (sim, confirma a aluna) qual?

Sónia *– a positiva.*

Professor *– e as passas?*

Sónia *(em simultâneo com o Júlio) – os eletrões.*

Professor *– por isso é que ficou conhecido como um pudim de passas, não é verdade? ... então, de um modelo para outro houve uma evolução. Qual foi?*

Em um dos registros dos alunos apresentados NM tem-se o desenho que um dos alunos fez da representação do modelo atômico de Thomson, no qual foi recortado e inserido como mostra a Figura 1. Nela é possível observar a representação feita com base na ideia do pudim de passas e inclusive ele escreve essa termologia logo abaixo do nome Thomson.

FIGURA 1 – Anotação feita por um aluno sobre o modelo de Thomson retirado da NM.

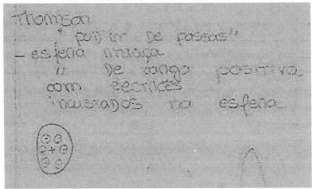

Fonte: http://multimodal.narratives.utad.pt/wp-content/uploads/2018/01/Acervo_NM_ebook_2017.pdf

Afim de mostrar de forma resumida os resultados obtidos nessa pesquisa, estão apresentados no Quadro 1. Onde são apresentados o número de casos encontrados em cada categoria, bem como também os OE identificados nessas categorias.

QUADRO 1 – Demonstração resumida dos resultados encontrados.

Categorias	Nº de casos	OE identificados
Categoria (A)	3	Realista, Substancialista
Categoria (B)	1	Realista

Fonte: Elaboração Própria (2021).

Assim temos que na categoria (A) onde está descrito as intervenções feitas pelos alunos acerca do modelo de Thomson com presença de OE, foram encontrados 3 casos e os obstáculos realista e substancialista. Já na categoria (B), onde está descrito o reforço aos OE feita pelo professor acerca do modelo de Thomson, foi identificado apenas um caso e para este o OE encontrado se caracteriza como o Realista.

Resultados dessa natureza têm sido encontrados e utilizados como questionamentos em diversos estudos relacionados à compreensão de conhecimentos que abordam os conceitos de modelos atômicos. As representações analógicas utilizadas no ensino do modelo atômico, que dão ideia de pudim de passas, quando não trabalhado na perspectiva epistemológica em relação a natureza e a origem desse conhecimento, muitas vezes reforçam obstáculos realistas e substancialistas.

CONSIDERAÇÕES FINAIS

Concluiu-se que o presente estudo proporcionou uma visualização dos obstáculos epistemológicos que criam interferências negativas dentro do ensino dos modelos atômicos, especialmente no modelo atômico de Thomson. Os entraves gerados pelos OE potencializam conhecimentos deturpados e totalmente fora do contexto dos conhecimentos científicos, principalmente por serem mais focados em analogias, metáforas e conceitos rasos que deixam de lado a criticidade e reflexão que tais conceitos científicos podem causar na vida dos seres humanos.

A formação consistente e segura de conceitos para facilitar a produção e obtenção do conhecimento deve ser tratada com sua devida importância; os OE não contribuem para isso. Assim, esta pesquisa contribuiu com o meio acadêmico para a busca de meios de identificar esses OE e que possam ser superados pelos professores, atendando-se sempre para uso dessas analogias que podem ser fontes de distanciamento do conhecimento científico.

REFERÊNCIAS

Acervo de Narrações Multimodais: http://multimodal.narratives.utad.pt/wp-content/uploads/ 2018/01/Acervo_NM_ebook_2017.pdf. Acessado em: 20 de outubro de 2020.

BACHELARD, G. **A formação do espírito científico: contribuição para uma psicanálise do conhecimento**. Trad. Estela dos Santos Abreu. 1ª ed. 11ª reimpressão, Rio de Janeiro: Contraponto, 2016 (1996).

BACHELARD, G. **O pluralismo coerente da química moderna**. Trad. Estela dos Santos Abreu. Rio de Janeiro: Contraponto, 2009.

_____. **O novo espírito científico (Os pensadores)**. Trad. Remberto Francisco Kuhnen, Antonio da Costa Leal, Lídia do Valle Santos Leal. São Paulo: Nova cultura, 1988.

BARDIN, L. **Análise de conteúdo**. Lisboa: Edições 70, 1977.

CHAYUT, M. J.J. Thomson: The Discovery of the Electron and the Chemists. **Annals of Science**, n. 48, p. 527-544, 1991.

DUTRA A. A. **Ensino de modelos atômicos por meio de metodologias ativas. Dissertação de Mestrado.** UnB – Brasília, 2019.

FITZPATRICK, T. C. WHETHAM, W. C. D. **The building of the laboratory**. In: A History of Cavendish Laboratory (1871 – 1910). Londres: LONGMANS, GREEN.1910.

LEITE, V. M.; SILVEIRA, H. E.; DIAS, S. S. Obstáculo Epistemológicos em Livros Didáticos: Um estudo das imagens de átomos. **Revista Virtual Candombá**, v. 2, n. 2, p. 72–79, jul – dez 2006.

LOPES, C. V. M. **Modelos atômicos no início do século XX: da física clássica à introdução da teoria quântica.** Tese (Doutorado em História da Ciência) – Pontifícia Universidade Católica de São Paulo. São Paulo, 173 p., 2009.

LOPES, J. B.; BRANCO, J.; JIMENEZ-ALEIXANDRE, M. P. "Learning experience" provided by science teaching practice in a classroom and the development of students' competences. **Research in Science Education**, Dordrecht, v. 41, n. 5, p. 787-809, 2011.

LOPES, J. B.; VIEGAS, C.; CRAVINO, J. P. Improving the learning of physics and development of competences in engineering students. **The International Journal of Engineering Education**, Dublin, v. 26, n. 3, p. 612-627, 2010.

LOPES, J. B.; SILVA, A. A.; CRAVINO, J. P.; SANTOS, C. A.; PINTO, A.; SILVA, A. VIEGAS, C.; SARAIVA, E.; BRANCO, M. J. Constructing and Using Multimodal Narratives to Research in Science Education: Contributions Based on Practical Classroom, **Res Sci Educ.** v. 44, p. 415-438, 2014.

LOPES, J. B.; VIEGAS, C.; PINTO, A. **Melhorar Práticas de Ensino de Ciência e Tecnologia: Registar e Investigar com Narrações Multimodais.**1. ed., Lisboa: Edições Sílabo, 2018.

MELZER, E. E. M.; CASTRO, L.; AIRES, J. A.; GUIMARÃES, O. M. Modelos atômicos nos livros didáticos de química: obstáculos à aprendizagem? **Encontro Nacional de Ensino de Química**, 8, 2008. Anais... ABRAPEC, Águas de Lindóia, 2008. Disponível em: http://www.foco.fae.ufmr.br/pdfs/399.pdf. Acesso em: 30 de julho de 2020.

PULLMAN, B.; REISINGER, A. The Atom in the History of Human Thought. **Oxford University Press**, p. 197, 1998.

THOMSON, G. "J.J. Thomson and the discovery of the Electron" In: WEART, Spencer & P. Melba (ed.) **History of Physics. Readings from Physics Today**. Nova Iorque: American Institute of Physics, 1985. pp.289-293

THOMSON, J.J. **The Corpuscular Theory of Matter.** London: Archibald Constable, 1907. 2a. impressão.

THOMSON, J. J. **Electricity and Matter**. Nova Iorque: Charles Scribner's Soons, 1904.

VILATORRE, A. M.; HIGA, I.; TYCHANOWICZ, S. D. **Didática e Avaliação em Física**. São Paulo: Saraiva, 2009. (Coleção Metodologia do ensino de Matemática e Física: v. 2.

VIANA, H. E. B. **A Construção Atômica da Teoria de Dalton como Estudo de Caso – e algumas reflexões para o ensino de química**. Dissertação de Mestrado. FE-USP. São Paulo, 2007.

ZANETIC, J.; MOZENA, E. R. **Evolução dos conceitos de física**. Notas de aula 2ª parte: alguns tópicos de história da física. Instituto de Física – Universidade de São Paulo, 2009.

CAPÍTULO 8

ANÁLISES FÍSICO-QUÍMICAS DE ÁGUA: UMA ALTERNATIVA PARA ALIAR A TEORIA E A PRÁTICA EM UM CURSO TÉCNICO

Joyce de Sousa Filgueiras
Ana Karine Portela Vasconcelos

Resumo

Esta pesquisa teve como objetivo investigar a utilidade de um manual de análises físico-químicas de água como recurso didático no ensino de Química em um curso técnico integrado em petroquímica do Instituto Federal de Educação, Ciência e Tecnologia do Ceará (IFCE). A metodologia consistiu na criação de um manual com instruções claras e linguagem acessível, baseado em análises da Fundação Nacional da Saúde (FUNASA). Posteriormente, o manual foi disponibilizado para técnicos, professores e alunos, para avaliarem sua potencialidade como recurso pedagógico por meio de questionários elaborados via *google forms*. Os resultados revelaram a percepção positiva dos entrevistados com relação ao manual como uma ferramenta que poderá auxiliar na relação entre teoria e prática, facilitando a compreensão dos conteúdos de Química. Deste modo, concluiu-se que o manual pode ser um instrumento eficaz para melhorar o processo de ensino-aprendizagem, proporcionando uma abordagem mais prática e significativa para os estudantes.

Palavras-chave: Análises físico-químicas. Recurso didático. Ensino-aprendizagem.

INTRODUÇÃO

A Química, também conhecida como a ciência central, é uma disciplina de grande importância para a sociedade, pois facilita a compreensão acerca da matéria e suas propriedades e dos fenômenos que nos cercam diariamente. Atualmente, é notório ver o desinteresse dos discentes com relação a essa disciplina, pois dizem ser abstrata, de difícil compreensão e decorativa. Com base nisso, surgem vários questionamentos: o problema é a disciplina? o professor? o ensino? a escola? ou o aluno?

Segundo Queiroz e Almeida (2004) e Saviani (2021), o problema está no ensino tradicional, onde o aluno é direcionado a decorar inúmeras fórmulas, reações e propriedades, sem relacionar o conteúdo com alguma vivência, ou seja, sem aliar a teoria com a prática. Para Saraiva *et al.* (2017), a aula prática é considerada uma ferramenta imprescindível para o ensino e uma espécie de catalisador para os conhecimentos embasados pelos alunos nas aulas teóricas, devido ao fato da postura experimental permitir um contato direto com o que foi estudado, tornando-se um instrumento facilitador para a fixação das informações.

Além disso, constata-se que em boa parte das instituições de ensino, as aulas práticas são realizadas com pouca frequência e os alunos reclamam das dificuldades que possuem em compreender a teoria e os cálculos apresentados. Com base nessas informações, alguns professores destacam que esse problema se dá pela falta de equipamentos e reagentes nos laboratórios das instituições (Queiroz; Almeida, 2004).

Atualmente, nota-se uma constante busca pela diversificação da prática pedagógica e das metodologias de ensino. Concorda-se com Filgueiras, Silveira e Vasconcelos (2023), que o processo de ensino e aprendizagem pode ser mais eficaz quando a teoria está aliada à prática, pois transforma o aluno em sujeito da ação, possibilitando o mesmo realizar descobertas autênticas, que são um dos fatores responsáveis por tornar a aprendizagem prazerosa e significativa.

Deste modo, considerando-se a imprescindibilidade de elencar a teoria à prática no ensino de Química, esta pesquisa foi desenvolvida com a finalidade de utilizar análises físico-químicas da água de bebedouros de uma instituição de ensino técnico e superior como um recurso didático para consolidar os conhecimentos científicos de Química, facilitando a aprendizagem dos discentes através da realização de análises de alguns parâmetros, a saber: turbidez, cor, pH, alcalinidade, gás carbônico livre, cloretos, dureza total e temperatura.

Para isso, elaborou-se um material didático para servir como auxílio para técnicos de laboratório, discentes e docentes do curso Técnico Integrado em petroquímica, na realização de atividades práticas frequentes com as ferramentas e recursos disponíveis na instituição. Dado o exposto, o objetivo principal dessa pesquisa consistiu em analisar a utilidade do manual para ser aplicado como recurso pedagógico no curso técnico integrado em química de um determinado *campus* do Instituto Federal de Educação, Ciência e Tecnologia do Ceará (IFCE).

FUNDAMENTAÇÃO TEÓRICA

O ensino de Química por meio de abstrações ao tema, muitos conceitos de difícil compreensão e falta de conexão com a realidade vivenciada pela sociedade são problemas frequentes enfrentados em sala de aula. Segundo Filgueiras, Silveira e Vasconcelos (2023), a aula prática precisa caminhar juntamente com a aula teórica, pois possibilita os estudantes a visualizarem, a compreenderem e a potencializarem seus saberes.

Concorda-se com Saraiva *et al.* (2017, p.195), que "[...] o ensino de Química necessita abrir portas e cruzar fronteiras para não mais privilegiar apenas a memorização, mas sim, adoção de conhecimentos e representações que estabeleçam um elo entre o seu contexto e sua finalidade". O objetivo principal do processo de ensino e aprendizagem é o desenvolvimento amplo dos discentes. Nessa perspectiva, a aula prática, juntamente com a teórica, permite o professor analisar o conhecimento prévio dos seus alunos e a estimular a pesquisa e a busca da solução de problemas (Cardoso *et al.*, 2018).

A experimentação permite ao estudante ampliar seu conhecimento e estimular as suas habilidades, tais como a análise, sistematização de dados, assim como também a reflexão, a discussão e o desenvolvimento de ideias. Para Magalhães (2004), o aluno compreende melhor um determinado assunto, a partir do momento em que ele consegue fazer uma relação entre o conteúdo ministrado pelo docente, com o contexto no qual ele está inserido cotidianamente. Porém, salienta-se que, ao colocar o aluno como centro do processo educativo, a função docente não se anula, pois o professor é responsável por instigar os seus alunos e por conduzi-los durante todo o processo, fazendo com que haja o surgimento de ideias, questionamentos e soluções de problemas.

Deste modo, uma das alternativas apresentadas para reverter esse cenário é a aplicação de aulas práticas juntamente com aulas teóricas, que sejam realizadas com instrumentos e reagentes disponíveis nas instituições, facilitando a compreensão dos conteúdos de química, estimulando a criatividade e o pensamento crítico e reflexivo dos estudantes, de forma a contribuir na construção de uma Aprendizagem Significativa (AS).

METODOLOGIA

Esse trabalho surgiu a partir de um projeto de iniciação científica e caracteriza-se como uma pesquisa quali-quantitativa do tipo exploratória, que segundo Knechtel (2014), compreende uma análise e uma interpretação de dados numéricos feitas pelo pesquisador, com o intuito de discutir o assunto de forma mais aprofundada.

Deste modo, o trabalho consistiu na organização de um manual de análises físico-químicas de linguagem simples, elaborado com auxílio da ferramenta Word, tendo como base o manual prático de análises de água da Fundação Nacional da Saúde (FUNASA). Este material foi desenvolvido objetivando auxiliar técnicos de laboratório, discentes e docentes do curso Técnico Integrado em Petroquímica na realização de atividades práticas frequentes com as ferramentas e recursos disponíveis na instituição.

O manual é composto por instruções de boas práticas de laboratório, considerações iniciais para auxiliar nos cálculos e métodos de análises de alguns dos parâmetros Físico-Químicos, os quais: turbidez, cor, pH, alcalinidade, gás carbônico livre, cloretos, dureza total e temperatura. Além disso, nos anexos do material foi disponibilizado um *link* e um *QR code* que dá acesso a uma pasta de roteiros laboratoriais, nos formatos docx e pdf, a qual foi criada com auxílio da ferramenta *online google drive*, de modo a permitir que o público--alvo tivesse acesso ao material para *download* e impressão, a fim de tornar as atividades mais acessíveis.

Posteriormente, buscando-se saber a quantidade de pessoas a serem atingidas, realizou-se um apanhado de dados com a Coordenação de Controle Acadêmico (CCA) de um determinado campus do IFCE, a qual informou possuir um total de 5 professores da área de Química, 2 técnicos de laboratório e 110 alunos regularmente matriculados no curso técnico integrado em petroquímica no período letivo 2019.2, sendo 31 alunos matriculados no 2º semestre, 28 alunos no 4º semestre, 25 alunos no 6º semestre e 26 alunos no 8º semestre. Ademais, é de grande importância salientar que o 8º semestre não foi incluído na pesquisa, devido ao fato dos alunos já estarem prestes a concluir o curso e, com isso, ficando impossibilitados de participar das aulas práticas propostas no manual.

Deste modo, considerou-se um total de 84 alunos, onde apenas 25% responderam ao questionário, o que pode ser justificado pelos impactos socioeconômicos gerados pela pandemia ocasionada pelo novo coronavírus (COVID-19), visto que, muitos alunos que se encontravam em isolamento social, não possuíam internet ou aparelhos eletrônicos (tais como celular, computador, *tablet*, dentre outros), interferindo assim no acesso ao questionário. Desses 25%, 16,67% cursavam o 2º semestre, 2,4% o 4º semestre e 5,9% o 6º semestre.

Em seguida, foi produzido um questionário sobre o manual prático de análises físico-químicas de água, o qual foi subdividido em três partes, com o intuito de obter a opinião dos professores de Química, dos técnicos de laboratório de Química, e dos alunos do curso técnico integrado em petroquímica, acerca da importância de se ter um material para auxiliar na articulação da aula prática e teórica. O manual, juntamente com o questionário, foi enviado para o público-alvo, por *e-mail* e pelo *WhatsApp*. Por fim, foi feita a sistematização e discussão dos resultados apresentados no tópico a seguir.

RESULTADOS E DISCUSSÃO

Inicialmente, perguntou-se aos entrevistados se, na opinião deles, o conteúdo do manual contribui para a formação ou prática profissional. Observou-se que todos os técnicos, discentes e docentes apontaram que sim (100%). Os técnicos justificaram dizendo que o manual está bem escrito e que ajudará a auxiliar alunos, técnicos e professores em procedimentos determinantes para controle de qualidade em água; o corpo docente justificou que o material traz de maneira sucinta e bem elaborada as metodologias aplicadas nas análises físico-químicas de água, tornando fácil o desenvolvimento de aulas práticas relacionadas ao assunto; e os discentes justificaram dizendo que o manual traz informações úteis que irão agregar na formação acadêmica.

Segundo Smith e Lisa (2007), um material bem elaborado é imprescindível para potencializar o processo de ensino e aprendizagem. Corroborando com este pensamento, Souza (2016) destaca que:

> Os livros didáticos exercem um importante papel nos processos de ensino e aprendizagem, o que o faz um objeto recorrente nas pesquisas educacionais, ocupando inclusive situação de destaque no âmbito das políticas públicas brasileiras. Na maioria das vezes, não é o único material didático disponibilizado a professores e alunos da rede pública de ensino, porém sempre foi o mais utilizado, difundido e evidenciado por professores e pesquisadores, sobretudo nas últimas décadas com a criação do Programa Nacional do Livro Didático para o ensino médio (PNLEM) (SOUZA, 2016, p.10).

Porém, com os avanços tecnológicos e sociais, é necessário que a escola, enquanto ambiente educativo e formativo, busque incentivar os docentes a diversificarem suas práxis pedagógica e a fornecer subsídios para o planejamento e execução das mesmas.

Em paralelo com a pergunta inicial, questionou-se aos alunos com relação ao gosto pela disciplina de Química. Notou-se que 100% dos discentes afirmaram gostar da disciplina, o que Piaget (1999) afirma ser um fator indispensável no processo de desenvolvimento cognitivo, visto que a afinidade pela disciplina influencia significativamente no processo de ensino e aprendizagem.

Ao indagar os entrevistados acerca da escrita/linguagem do material, 100% considerou que o mesmo foi escrito com uma linguagem de fácil compreensão. Nesse sentido, Charaudeau (2008, p.7) afirma que "[...] é a linguagem que permite pensar e agir, pois não há ação sem pensamento, nem pensamento sem linguagem". Nesse sentido, buscar elaborar materiais com uma linguagem acessível, apresenta-se como uma estratégia para despertar o interesse e a curiosidades dos alunos pelos conteúdos a serem estudados.

Quanto ao questionamento sobre a capacidade dos alunos obterem uma aprendizagem significativa a partir do momento em que as análises forem colocadas em prática, 100% dos técnicos disseram que o material pode auxiliar e justificaram dizendo que os alunos poderão repetir os procedimentos, relacionando-os com os conhecimentos prévios já contidos em suas estruturas cognitivas, facilitando a compreensão do conteúdo e da sua importância; Corroborando com esse pensamento, cerca de 80% dos docentes também concordaram com essa potencialidade do manual, justificando que o material traz consigo, além de uma boa descrição da metodologia dos experimentos, o aparato teórico e procedimentos de cálculos necessários para o aprendizado dos assuntos que são abordados e vistos em sala de aula, nas mais variadas disciplinas de Química.

Em contrapartida, os outros 20% dos docentes disseram que não consideram que esse material pode contribuir para que os alunos obtenham uma aprendizagem significativa, pois a aprendizagem depende de vários fatores, porém, não citaram exemplos; Por outro lado, 100% dos discentes afirmaram que acreditam que o material contribuirá na construção de uma aprendizagem significativa e justificaram evidenciando que o manual apresenta e explica, de maneira prática e dinâmica, horas de conteúdos ministrados teoricamente em sala de aula, o que atrai ainda mais a atenção.

Para Bizzo (2002):

> [...] o experimento, por si só não garante a aprendizagem, pois não é suficiente para modificar a forma de pensar dos alunos, o que exige acompanhamento constante do professor, que deve pesquisar quais são as explicações apresentadas pelos alunos para os resultados encontrados e propor se necessário, uma nova situação de desafio (Bizzo, 2002, p.75).

Deste modo, a teoria aliada a prática é de grande importância para pesquisadores e professores da área da educação, principalmente da disciplina de Química, visto que contribui nos processos de investigação, possibilitando o processo de ensino-aprendizagem de forma mais criativa e instigante, impactando de forma positiva nas mudanças do âmbito escolar e na formação dos cidadãos.

Posteriormente, os professores foram indagados a responder de quais formas eles poderiam avaliar a aprendizagem de seus alunos após a execução dos experimentos propostos no manual. A partir da análise, identificou-se que 80% dos docentes alegaram que aplicariam uma prova e exigiriam um relatório completo, enquanto que os outros 20% disseram que exigiriam somente um relatório completo.

Quanto ao questionamento acerca dos principais desafios encontrados ao auxiliar os discentes em laboratório, os técnicos citaram a grande quantidade de alunos presentes no ambiente de forma simultânea e as dificuldades apresentadas pelos mesmos, tais como: dificuldade de relacionar o conteúdo teórico com a pratica; falta de habilidade de manuseio de equipamentos e vidrarias; e a falta de atenção e compreensão do motivo da execução dos procedimentos.

Com relação aos desafios encontrados no ensino de química, 80% dos professores citaram: a falta da contextualização da química e da alfabetização científica. Segundo um dos educadores, "é uma tarefa árdua fazer com que o discente perceba a importância da ciência na vida do cidadão e não associar a Química ao cientista maluco ou ao fazer uma bomba".

Em contrapartida, outro professor justifica dizendo que "o ensino da Química pode ser muito desafiador ao professor que precisa tornar compreensível assuntos que quando abordados de maneira teórica podem parecer abstratos e distante do que os discentes conseguem perceber em sua experiência cotidiana. A preparação de aulas práticas simples e que ilustrem com qualidade os assuntos teóricos abordados é um componente desafiador no ensino da química". Os outros 20% dos professores disseram não encontrar nenhum desafio no ensino da ciência.

Segundo Oliveira *et al.* (2019), o processo de ensino e aprendizagem de Química possui muitos desafios e devido a isso os profissionais da área de educação devem buscar alternativas disruptivas para esse processo, caminhando para uma evolução metodológica.

Em contrapartida, ao questionar os discentes acerca dos principais desafios que eles encontram no estudo de química, observou-se que, dos 52,4%, cerca de 19,05% citaram a falta de aulas práticas aliada a teoria vista em sala de aula; 14,3% disseram que possuem dificuldades em compreender os cálculos e em entender as reações químicas; e os outros 19,05% disseram ter dificuldades de associar os conteúdos vistos anteriormente com os novos, devido ao fato de serem extensos. Esse resultado ratifica o estudo feito por Silva *et. al.* (2020), onde mostra que a maioria dos estudantes de química tem mais dificuldades em resolver cálculos e em relacionar a teoria com a prática.

Por fim, todos os entrevistados foram indagados acerca da possibilidade de melhoria do manual. Constatou-se que 100% dos técnicos de laboratório disseram que o manual não precisaria de melhorias; 80% dos professores disseram que será necessário fazer ajustes baseados nas experiências vivenciadas, a fim de tornar o manual cada vez mais aplicável. Os outros 20% dos professores disseram que o mesmo não precisaria de melhorias; Em contrapartida, 81% dos discentes apontaram como proposta de melhoria a inserção de mais esquemas, ilustrações e de um modelo de elaboração de relatório laboratorial. Os outros 19% disseram não ver necessidades de melhorias.

No geral, as respostas retratam as dificuldades presentes no ensino de química, principalmente no que diz respeito às aulas práticas. Além disso, observa-se a que os entrevistados compreendem a importância de um material bem elaborado que utilize recursos disponíveis na instituição, para auxiliar técnicos de laboratório, docentes e discentes, de forma a otimizar as atividades práticas e a contribuir na construção do conhecimento e desenvolvimento do processo de ensino e aprendizagem de Química.

CONSIDERAÇÕES FINAIS

A pesquisa ressalta que a Química, também conhecida como a ciência central, está presente em tudo o que se possa imaginar. O estudo desta ciência nos proporciona ter um melhor entendimento acerca da matéria e suas propriedades, porém, é de grande importância salientar que, para que essa compreensão ocorra de forma satisfatória, deve-se aderir a outras metodologias de ensino, tal como as aulas práticas, que facilitam a percepção dos alunos.

Embora os alunos entrevistados tenham demonstrado gosto pela disciplina, também atestaram encontrar muitos desafios, principalmente no que diz respeito a compreensão da teoria, devido à falta de conexão com a realidade. Essa dificuldade é bastante comum nos ambientes educacionais, visto que a Química necessita de teoria aliada a prática constantemente.

Deste modo, nota-se a importância da utilização de ferramentas para a contextualização dos conteúdos de Química. A utilização de um manual prático de análises físico-químicas de água, por exemplo, engloba vários conceitos técnicos e é um instrumento essencial para colocar em prática algumas teorias trabalhadas em sala de aula. Apresentar um recurso diferente aos alunos e indagá-los acerca dos fenômenos que os cercam é fundamental para a compreensão desta disciplina.

Assim, como frisado pela maioria dos docentes, pode-se considerar que um manual prático de análises físico-químicas pode vir a auxiliar no processo de ensino-aprendizagem de Química, visto que os alunos do curso técnico integrado em petroquímica necessitam de mais aulas práticas para melhor assimilar os conteúdos vistos em sala de aula, para ampliarem seus conhecimentos e para estimularem as suas habilidades, tais como a análise, a obtenção e a organização de dados, assim como também a reflexão, a discussão, a construção de ideias e a resolução de problemas.

REFERÊNCIAS

BIZZO, N. Ciências: fácil ou difícil. 1ª ed. São Paulo: Editora ática, 2002.

CARDOSO, P. H. G.; Santos, L. C dos.; Silva, V. C. da; Amorim, C. M. F. G. Impacto das aulas práticas no laboratório de Química no ensino médio. In: V Congresso Nacional de Educação, 5., Olinda. **Anais eletrônicos** [...] Campina Grande: editora realize, 2018.

CHARAUDEAU, P. Linguagem e discurso: modos de organização. São Paulo: Contexto, 2008.

DEMO, P. Educar pela pesquisa.7ª ed. Campinas: Autores Associados, 2011.

FILGUEIRAS, J. S.; Silveira, F. A.; Vasconcelos, A. K. P. Uma Sequência Didática nos conceitos correlatos ao estudo da vitamina C presente nas polpas de frutas. **Revista Insignare Scientia - RIS**, v. 6, n. 4, p. 97-120, 10 jul. 2023.

KNECHTEL, M. R. Metodologia da pesquisa em educação: uma abordagem teórico-prática dialogada. Curitiba: Intersaberes, 2014.

MAGALHÃES, M. Tudo o que você faz diariamente tem a ver com Química. Rio de Janeiro: Muiraquitã, 2004.

OLIVEIRA, A. K. R.; Andrada, J. R. M.; Sousa, A. C. L.; Almeida, J. P. G.; Vasconcelos, A. K. P. Desafios do ensino-aprendizagem de química em escolas de ensino médio regular do município de Aracati. p. 66-77. Veranópolis: Diálogo Freiriano, 2019.

PIAGET, J. Seis estudos de psicologia. 24ª ed. Rio de Janeiro: Forense Universitária, 1999.

QUEIROZ, S. L.; Almeida, M. J. P. M. de. Do fazer ao compreender ciências: reflexões sobre o aprendizado de alunos de iniciação científica em química. **Ciência & Educação**, [S.l.], v.10, n.1, p. 41-53, 2004.

SARAIVA, F. A.; Vasconcelos, A. K. P.; Lima, J. A.; Sampaio, C. de G. Atividade Experimental como Proposta de Formação de Aprendizagem Significativa no Tópico de Estudo de Soluções no Ensino Médio. **Revista Thema**, Pelotas, v. 14, n. 2, p. 194–208, 2017. DOI: 10.15536/thema.14.2017.194-208.424.

SAVIANI, D. Pedagogia histórico-crítica: primeiras aproximações. Campinas, SP: Editora Autores Associados, 2021.

SILVA, V. C. da; Cardoso, P. H. G.; Guedes, F. N.; Lima, M. D. C.; Amorim, C. M. F. G. Experimental didactics as a teaching tool in high school chemistry classes. **Research, Society and Development**, [S. l.], v. 9, n. 7, p. e41973547, 2020.

SMITH, C.; Strick, L. Dificuldades de aprendizagem de A a Z: um guia completo para pais e educadores. Porto Alegre: Artmed, 2007.

SOUZA, G. A. P. **Influências de uma Política Pública Educacional na Transformação de uma Obra Didática de Química**. 2016. 174 f. Dissertação (Mestre em Educação na linha de pesquisa Educação em Ciências e Matemática) - Universidade Federal de Mato Grosso, Cuiabá, 2016.

CAPÍTULO 9

UTILIZAÇÃO DE METODOLOGIAS ATIVAS NO ENSINO DE QUÍMICA: UM ESTADO DA QUESTÃO

Francisca Rayssa Freitas Ferreira
Blanchard Silva Passos
Ana Karine Portela Vasconcelos

Resumo

Este estudo analisou o uso de Metodologias Ativas no ensino de Química, com base em uma pesquisa conduzida no Portal de Periódicos da CAPES ao longo de sete anos (2016-2022). O objetivo foi identificar quais Metodologias Ativas estão sendo empregadas no ensino dessa disciplina. Os resultados revelam que a maioria dos estudos (4 de 5) foi realizada com alunos da 2ª série do ensino médio, indicando um crescente interesse e desenvolvimento dessas abordagens já na educação básica. Além disso, a pesquisa constatou que 4 dos trabalhos envolveram a coleta de dados, que posteriormente foram analisados qualitativamente e quantitativamente. Esse processo permitiu avaliar as melhorias possíveis, destacando a preocupação em aprimorar as práticas pedagógicas. Esses achados sugerem que as Metodologias Ativas estão ganhando espaço no ensino de Química, principalmente no ensino médio, e que existe um comprometimento em avaliar e aperfeiçoar essas abordagens para melhorar a qualidade da educação na disciplina.

Palavras-chave: Metodologias Ativas. Ensino de Química. Abordagens Pedagógicas. Práticas Pedagógicas.

INTRODUÇÃO

A Química frequentemente é percebida como desafiadora pelos alunos, onde muitos a consideram de difícil compreensão. Uma das razões para essa dificuldade é o nível de complexidade inerente aos conceitos e fenômenos químicos, que muitas vezes não são diretamente observáveis a olho nu, além do uso de uma linguagem estranha para alunos iniciantes. Como resultado, os estudantes podem ficar desmotivados em relação ao estudo da Química, haja vista a dificuldade em conectar os conceitos teóricos com o mundo real.

Nesse contexto, Antunes (2014) aborda a atual situação educacional, descrevendo-a como um mosaico. Enquanto alguns professores ainda adotam métodos tradicionais, como aulas expositivas com o uso do quadro e do livro didático, outros optam por abordagens pedagógicas inovadoras e diversificadas.

Entretanto, apesar do crescente interesse por novas Metodologias Ativas aplicáveis ao Ensino de Química, ainda é possível observar uma forte tendência à abordagem tradicional. Isso é perceptível em todos os níveis de ensino, onde a ênfase na reprodução de conceitos químicos, juntamente com o uso de fórmulas matemáticas para compreender fenômenos naturais, demonstra uma persistente adoção de métodos tradicionais de ensino. (Lima, 2012; Giesbrecht, 1994; Schnetzler e Antunes-Souza, 2019)

As Metodologias Ativas estão ganhando terreno no campo do Ensino de Química, onde alguns professores têm relatado sucesso ao implementar essas estratégias. Isso reflete uma busca por alternativas viáveis, especialmente considerando que os professores agora competem pela atenção dos alunos com dispositivos eletrônicos e essa abordagem permite que os professores envolvam eficazmente os alunos, incluindo aqueles que enfrentam maiores desafios na disciplina. Mas é preciso cautela quando se fala em implementação dessas metodologias, pois assim como afirma Bizzo (2010), utilizar experimentos ou metodologias novas não é garantia de aprendizagem para todos os alunos, é necessário que haja um acompanhamento e um bom plano de aula.

De acordo com Lima (2012), é essencial que haja uma busca sobre quais metodologias estão sendo utilizadas pelos professores em sala de aula, para que assim possa encontrar quais são as dificuldades dos alunos em aprender química e entender qual a desmotivação dos estudantes no aprendizado desse componente curricular.

No contexto da formação continuada, é crucial que os professores que buscam adquirir conhecimento teórico sobre as novas metodologias de ensino avaliem cuidadosamente se o material didático pode realmente servir como suporte para auxiliar os estudantes em suas atividades. Além disso, é fundamental que essas metodologias estejam alinhadas com a realidade social e cultural, em vez de serem meramente utilizadas como uma estratégia para enganar os estudantes.

Diante disso Maldaner (1999), afirma que

> ...é possível superar as crenças primeiras sobre o "ser professor", formadas na relação professor/aluno/futuro professor, e permitir que se pense um professor em constante atualização, capaz de interagir positivamente com os seus alunos, problematizar as suas vivências e convertê-las em material de reflexão com base nas construções das ciências e outras formas culturais e, assim, contribuir para a transformação e recriação social e cultural do meio (MALDANER, p. 2, 1999).

Nesse sentido, é necessário rastrear quais as metodologias estão sendo mais utilizadas nas salas de aula, para identificar quais obtém um maior êxito dentro de cada realidade e verificar o modo como professores e estudantes estão relacionando os conceitos de química com suas práticas sociais empregando as diferentes metodologias.

Dentro desta perspectiva, buscaram-se artigos dentro do Portal de Periódicos da CAPES (Coordenação de Aperfeiçoamento de Pessoal de Nível Superior) para que haja uma melhor compreensão da temática de quais metodologias ativas estão sendo mais aplicadas nas salas de aula no Brasil nos últimos 7 anos. A pesquisa tem perfil qualitativo, que busca encontrar o estado da questão na temática metodologias no ensino de química, com objetivo de averiguar, trazer discussões sobre o modo como são aplicadas e como podem auxiliar os professores e alunos no ensino.

O QUE É O ESTADO DA QUESTÃO?

O estado da questão é um tipo de revisão bibliográfica que busca investigar um determinado tema ou área de estudo na circunstância atual ou em um determinado marco temporal. Geralmente estudos com esse método são narrativos e descritivos, pois utilizam dados da literatura já existente. Um dos objetivos principais do estado da questão é "caracterizar o objeto (específico) de investigação de interesse do pesquisador" assim afirmam Nóbrega-Therrien e Therrien (2004).

Dessa forma o estado da questão visa delimitar o tema a ser investigado e discuti-lo afim de contribuir com a comunidade científica. Para os autores Nóbrega-Therrien e Therrien (2004), o estado da questão "requer uma compreensão ampla da problemática em foco fundada nos registros dos achados científicos e nas suas bases teórico-metodológicas acerca da temática", ou seja, a intenção desse tipo de pesquisa deixa clara a contribuição pretendida ao tema investigado.

Este método de busca foi adotado para este estudo, pois visa contribuir com a comunidade de professores que buscam desenvolver atividades que facilitam o processo de ensino, visto que é excelente para busca de trabalhos que irão contribuir para a formação do professor e favorecer a compreensão das diferenças e convergências presentes nas pesquisas já realizadas.

O estado da questão utiliza a forma investigativa, para que haja entendimento acerca do tema pesquisado, apresenta caráter descritivo e para estudo foi adotado o caráter bibliográfico, para que seja averiguado de forma íntegra os trabalhos selecionados para a pesquisa dentro do que se deseja analisar, seguindo assim um dos critérios de Bell (1985) apud Nóbrega-Therrien e Therrien (2004), o domínio da literatura, onde o autor "é capaz de referenciar uma extensiva e relevante literatura e, ao mesmo tempo, utilizá-la no desenvolvimento de análise e discussão de ideias, incluindo o desenvolvimento crítico articulado a essa mesma literatura".

MÉTODO APLICADO

A metodologia utilizada para esta pesquisa foi a de Graffunder, Camilo, Oliveira e Godschimdt (2020), que utiliza 7 etapas para realização da Revisão Sistemática de Literatura (RSL), (1) formulação da pergunta questionadora, (2) definir estratégias de busca, (3) avaliação dos estudos, (4) coleta de dados, (5) análise, (6) interpretação de dados, (7) relato dos resultados.

A pergunta que elaborou a base desse estudo foi: ""Quais são as metodologias ativas que podem ser aplicadas em sala de aula para proporcionar benefícios tanto aos alunos quanto aos professores no contexto do ensino de Química?»", cumprindo assim a primeira etapa do estudo. Na segunda etapa, foram empregadas estratégias de busca para identificar a fonte de dados a ser utilizada no estudo. Na terceira etapa, foram estabelecidos critérios de inclusão e exclusão para a pesquisa.

Na quarta etapa foi realizada a coleta de dados, a fonte escolhida foi o Portal de Periódicos da CAPES. Na quinta etapa foi realizada a analise dos dados, sendo selecionados apenas os trabalhos em que as metodologias presentes nos artigos estavam dentro da temática de metodologias ativas no Ensino de Química. A seleção desses artigos foi dada a partir das palavras-chave utilizando um filtro temporal de 2016 a 2022, a escolha se deu por considerar publicações mais recentes e trabalhos apenas em língua portuguesa. A sexta e sétima etapa foram realizadas a leitura dos artigos escolhidos e feita a escrita dos resultados.

Inicialmente foi lido todos os títulos e resumos, que passaram por uma avaliação prévia segundo os critérios de exclusão e inclusão (Quadro 1), afim de escolher os trabalhos que seriam lidos na íntegra.

Quadro 1: Critério de Exclusão e Inclusão.

Exclusão	Inclusão
Trabalhos publicados anos abaixo de 2016	Trabalhos publicados de 2016 em diante
Artigos que não estejam voltados ao ensino	Artigos sobre metodologias ativas
Trabalhos que não condizem com o objetivo proposto no título	Publicações que abordem o ensino de química

Fonte: Autores (2023).

Na realização da pesquisa foi encontrado aproximadamente 87 resultados, a seleção utilizou o filtro de busca da plataforma que aplicou as palavras-chave "metodologia", "ensino", "química" and "metodologias ativas", do total encontrado, 5 artigos que completam a pergunta norteadora desse estudo, segundo a plataforma Capes, foram selecionados.

Segundo Boas, Kalhil et al (2018), temos que entender que

> [...] compreender metodologia e método no universo da pesquisa torna-se uma atividade necessária como condição para entender a diferença e complementação entre ambas. A metodologia busca a validade do caminho escolhido para se chegar ao fim proposto da

pesquisa; o que não deve ser confundida com o conteúdo (teoria) nem com os procedimentos (métodos e técnicas) (p.70).

Desta forma pode-se entender que para realização da pesquisa científica é necessário "discernimento e compreensão quanto aos paradigmas na elaboração do conhecimento científico" segundo, Costa et al (2018).

Os artigos foram analisados de acordo com a metodologia adotada, seguindo os critérios de análise de Bardin (1977), que após feita a pré-análise, que consiste em explorar o material, o mesmo foi lido e separado para análise do material. Feito isso, os resultados foram interpretados e discutidos.

RESULTADOS E DISCURSÃO

De acordo os trabalhos encontrados na temática estudada, para facilitar o entendimento foi feita uma tabela com algumas categorias para auxiliar na análise dos dados.

Quadro 2: Trabalhos encontrados na temática estudada.

Título	Autores	Metodologia ativa	Qualis	Ano
O laboratório de química como ferramenta de metodologia ativa e de avaliação no ensino de ciências	Diego Ariça Ceccato, Maria Eliza Nigro Jorge	Experimentação	A4	2018
A utilização de atividades gamificadas e da Ciência Forense como metodologias ativas para o Ensino de Química durante o Ensino Remoto	Rayanne Cristina da Silva Santos, Marcelo Monteiro Marques	Jogos digitais	A4	2022
O Peer Instruction como proposta de metodologia ativa no ensino de química	L.M.M. Dumont, R.S. Carvalho, A.J.M. Neves	Sala de aula invertida e Peer Intruction	B2	2016
Estudo dos impactos das metodologias ativas no ensino de química pelo programa de residência pedagógica	Sidney Silva Simplicio, Inaiara De Sousa, Débora Santos Carvalho dos Anjos	POGIL, Peer Instruction, Jogos Didáticos	A4	2020
Uso da metodologia ativa instrução por pares assistida pelo aplicativo plickers: uma experiência no ensino de química	Walysson Gomes Pereira, Rogério José Melo Nascimento, Tássio Lessa Do Nascimento	Instrução por Pares	A2	2021

Fonte: Os autores (2023).

Ceccato e Jorge (2018) fizeram uma revisão bibliográfica com intuito de verificar a utilização do laboratório de química na busca por relacionar a teoria e a prática de forma mais efetiva. O texto traz autores que debatem sobre o assunto de forma realista e indispensável para a formação do estudante, afirmam que o ensino fica invalidado e que o indivíduo não reconheça a importância da disciplina no seu cotidiano. Defendem que

> As aulas de laboratório devem ser orientadas afins de que o indivíduo possa atingir objetivos ligados a conhecimento conceitual e procedimental, além de despertar no aluno a aprendizagem do método científico, sua sistematização e a capacidade de promoção do pensamento (Ceccato e Jorge, p. 431, 2018).

Os autores ainda trazem uma discussão sobre as TIC´s, falam da importância dessas tecnologias, porém exaltam a importância da realização de práticas de baixo custo e enfatizam que assim como a utilização de tecnologias, os experimentos provocam efeito ao mesmo modo. Acrescentam ainda que "as aulas de laboratórios permitem avaliar os alunos sob uma ótica diferente da avaliação tradicional. Nela é possível avaliar o aluno no aspecto atitudinal, interacionista com o meio, criativo e sua capacidade em resolver problemas".

Santos e Marques (2022), utilizaram em seu trabalho uma metodologia de elaboração e aplicação de jogos dentro de uma sequência didática sobre conceitos de química relacionados a Química Forense em uma turma de 2 ano do ensino médio. O estudo foi realizado durante o período pandêmico, período o qual intensificou-se a procurar por metodologias ativas no ensino de química.

A proposta para realização do trabalho teve momentos distintos, como realização de palestras, minicursos e estudos com especialistas na área forense para os estudantes, confecção de materiais, realização de questionários. Após feito esse primeiro momento foi aplicado a sequência didática e realizado um questionário avaliativo. Ainda foi criado jogos do tipo Escape Home digital direcionado ao ensino de química a partir da plataforma Prezi, o jogo tinha como intuito escapar dos ambientes trancados através da resolução dos enigmas relacionados ao conteúdo de química.

O segundo jogo criado foi construído na plataforma Gennially, o jogo tem quase o mesmo objetivo que o anterior, só que em vez de resolver enigmas para escapar de cômodos, o foco desse segundo jogo era desbloquear o laboratório de química e achar a fórmula secreta. Os dois jogos tinham regras a serem seguidas e tempo hábil para solucionar os problemas.

Os autores Dumont, Carvalho e Neves (2016) exploram em seu artigo, um estudo de caso utilizando as metodologias ativas de instrução pelos pares e sala de aula invertida, vinculadas a testes conceituais. Os métodos relatados na pesquisa demonstraram intensa participação dos estudantes da turma de 2 ano do ensino médio, visto que o tema escolhido (estequiometria) para realização é um tema de difícil entendimento dos estudantes.

Simplicio, Sousa e Anjos (2020), realizaram a pesquisa durante os 4 bimestres do ano em um turma de 2 série do ensino médio, utilizaram as metodologias: mapa mental, experimentação, jogos de tabuleiro, POGIL (Processo Orientado Guiado em Inquérito de Aprendizagem), sala de aula invertida, quiz, instrução por pares, investigação e pesquisa exploratória. Para cada uma das metodologias foi utilizado um assunto de acordo com o livro didático da turma escolhida pelos pesquisadores.

Pereira, Nascimento e Nascimento (2021), também utilizaram a metodologia de instrução por pares, porém esta foi associada ao aplicativo Plickers em uma turma de 2 ano do ensino médio.

Para desenvolvimento das pesquisas utilizando a metodologia escolhida, houve intensas pesquisas sobre a turma, os métodos que poderiam ser utilizados, o tempo que as atividades iriam ter. A priori os estudantes deveriam realizar os estudos sobre o tema da aula em casa para que durante a realização do quiz eles estivessem minimamente preparados, a cada seção era realizado testes conceituais buscando averiguar se os alunos haviam compreendido o assunto abordado, após realizados dos testes o professor dava uma breve explicação para mostrar os alunos que não obtiveram êxito na resposta os conceitos que estavam sendo trabalhados no teste.

O aplicativo Plickers auxilia nas respostas dadas pelos estudantes na aplicação dos testes conceituais, ou seja, é uma ferramenta que auxilia no feedback para o professor, um método extremamente relevante na forma de "avaliar o andamento de sua proposta pedagógica", afirma os autores Pereira, Nascimento e Nascimento (2021).

Na utilização de metodologias ativas há uma maior interação dos alunos com o objeto de estudo e os conceitos que serão estudados dentro dos conteúdos. Tal contato favorece uma formação crítica e reflexiva, pois envolvem "resolução de desafios, formulação de hipóteses, busca por informações e construção coletiva em que o conhecimento se estabelece de forma ativa" (Caetano e Leão, 2022).

Alguns autores observaram a eficiência da utilização das metodologias ativas, a utilização de mapas mentais como avaliação formativa mostrou que pode haver um "redirecionamento do processo continuo e progressivo do discente" (Lima, 2017).

O emprego de jogos no ambiente escolar traz resultados excelentes, Silveira (2017) ressalta que usar TICs faz com que o estudante desperte a curiosidade, tenha "vontade de adquirir conhecimentos e desperta sua criatividade".

Em suma, os autores exploram diferentes estratégias para melhorar o ensino de Química, incluindo a integração da teoria com a prática, o uso de tecnologias, como jogos digitais, e a implementação de metodologias ativas. Todos eles destacam a importância de engajar os alunos e promover uma compreensão mais profunda dos conceitos químicos, especialmente em áreas desafiadoras. Além disso, o feedback é considerado fundamental para aprimorar o processo de ensino e aprendizagem.

CONSIDERAÇÕES FINAIS

No estudo realizado, apesar de breve, notou-se que todas as pesquisas foram aplicadas a alunos no ensino médio, evidenciando assim a imensa procura e desenvolvimento de metodologia ainda na educação básica. Pode-se observar ainda que dos trabalhos apresentados, 4 desenvolveram atividades com a coleta de dados, para que futuramente fossem tratados e avaliados no intuito de analisar tanto qualitativamente quanto quantitativamente, afim de registrar quais melhorias poderiam ser feitas posteriormente.

Durante a realização das pesquisas, notou-se que as turmas as quais foi aplicado as metodologias ativas foram observadas pelos pesquisadores para que assim escolhessem qual seria a metodologia utilizada, pois segundo Freire (1998), o educador deve conhecer as condições estruturais e entender o pensamento e as vivências do indivíduo para que o ensino possa ser construído de forma efetiva.

Dos trabalhos estudados, todos obtiveram resultados satisfatórios, segundo Passos et al (2023), a utilização dessas metodologias contribui para a facilitação da abordagem de ensino e prover uma "aquisição de conhecimentos mais eficientes", pois desperta no estudante um entusiasmo, ademais houve alguns relatos de estudantes que tiveram dificuldade de se adaptar à nova forma de ensino, principalmente quando havia envolvimento das TIC's, porém fica evidente que apesar dos alunos estarem imersos no mundo digital, ainda sentem dificuldades de manusear aplicativos ou plataformas digitais. Foi observado que todos foram realizados por mestrandos ou doutorandos em parceira com escolas que se dispuseram a participar das pesquisas, o que mostra um interesse na aproximação de pesquisadores com a sociedade.

Segundo o relato dos autores dos trabalhos utilizado nesse estudo, as metodologias ativas tendem a facilitar o desenvolvimento do ensino, os alunos se sentem mais acolhidos quando participam da construção do conhecimento, pois a ele é dada autonomia, há uma melhora na comunicação, pois o professor estará ali como mediador, buscando sempre motivar os estudantes a criar hipóteses e buscar soluções dos problemas propostos.

É importante ressaltar que para esta pesquisa foi adotado uma metodologia qualitativa que visava identificar quais metodologias ativas estavam sendo utilizadas nos artigos dentro da plataforma CAPES, foi um estudo breve, porém capaz de observar que nos últimos 7 anos houveram algumas mudanças nas metodologias ativas utilizadas, que pode ser justificada pela intensa busca por ferramentas, como maior uso da tecnologia, que melhoram o ensino.

AGRADECIMENTOS

O presente trabalho foi realizado com apoio financeiro da Coordenação de Aperfeiçoamento de Pessoal de Nível Superior (CAPES) e do Conselho Nacional de Desenvolvimento Científico e Tecnológico (CNPq).

REFERÊNCIAS

ANTUNES, Celso. Professores e professauros: reflexões sobre a aula e práticas pedagógicas diversas. Editora Vozes Limitada, 2012.

BIZZO, Nélio. Ciências: fácil ou difícil? São Paulo: Biruta, 2010.

CAETANO, Valdiceia Viana Morais; LEÃO, Marcelo Franco. METODOLOGIAS ATIVAS NA QNESC (2011-2020): UM OLHAR PARA AS AULAS DE QUÍMICA NO ENSINO MÉDIO. REAMEC - Rede Amazônica de Educação em Ciências e Matemática, [S. l.], v. 10, n. 2, p. e22044, 2022. DOI: 10.26571/reamec. v10i2.13719.

CECCATO, Diego Ariça; JORGE, Maria Eliza Nigro. O LABORATÓRIO DE QUÍMICA COMO FERRAMENTA DE METODOLOGIA ATIVA E DEAVALIAÇÃO NO ENSINO DE CIÊNCIAS. Colloquium Humanarum, [S.L.],

v. 15, n. 2, p. 429-434, 1 dez. 2018. Associacao Prudentina de Educacao e Cultura (APEC). http://dx.doi.org/10.5747/ch.2018.v15.nesp2.001133.

FREIRE, Paulo. (1998). Pedagogia do Oprimido. 25 ª ed. (1ª edición: 1970). Rio de Janeiro: Paz e Terra.

LIMA, José Ossian Gadelha. Perspectivas de novas metodologias no Ensino de Química. Revista espaço acadêmico, nº 136, Setembro, 2012.

LIMA, Josiel Albino; SAMPAIO, Caroline de Goes; BARROSO, Maria Cleide da Silva; VASCONCELOS, Ana Karine Portela; SARAIVA, Francisco Alberto. Avaliação da aprendizagem em química com uso de mapas conceituais. Revista Thema, Pelotas, v. 14, n. 2, p. 37–49, 2017. DOI: 10.15536/thema.14.2017.37-49.422.

MALDANER, Otavio Aloisio. A pesquisa como perspectiva de formação continuada dos professores de química. Química Nova, v. 22, p. 289-292, 1999.

MORAES, Luiza Dumont de Miranda; CARVALHO, Regina Simplício; NEVES, Álvaro José Magalhães. O PEER INSTRUCTION COMO PROPOSTA DE METODOLOGIA ATIVA NO ENSINO DE QUÍMICA. Journal Of Chemical Engineering And Chemistry, [S.L.], v. 2, n. 3, p. 107-131, 1 out. 2016. Universidade Federal de Vicosa.

NÓBREGA-THERRIEN, Silvia Mari.; THERRIEN, Jacques. Trabalhos científicos e o estado da questão. Estudos em Avaliação Educacional, São Paulo, v. 15, n. 30, p. 5–16, 2004.

SANTOS, Anderson de Oliveira; SILVA, Rosianne Pereira; ANDRADE, Djalma; LIMA, João Paulo Mendonça. Dificuldades e motivações de aprendizagem em Química de alunos do ensino médio investigadas em ações do (PIBID/UFS/Química). Scientia Plena, [S. l.], v. 9, n. 7(b), 2013.

SANTOS, Rayane Cristina Santos; MONTEIRO, Marcelo Marques. A utilização de atividades gamificadas e da Ciência Forense como metodologias ativas para o Ensino de Química durante o Ensino Remoto. Revista Insignare Scientia - RIS, v. 5, n. 2, p. 397-412, 23 jun. 2022.

SILVEIRA, Felipe Alves; VASCONCELOS, Ana Karine Portela. INVESTIGAÇÃO DO USO DO SOFTWARE EDUCATIVO LabVirt NO ENSINO DE QUÍMICA. Revista Tecnologias na Educação. v. 23, n. 9, p. 1-13, 2017.

SIMPLICIO, Sidney Silva; SOUSA, Inaiara de; DOS ANJOS, Débora Santos Carvalho. ESTUDO DOS IMPACTOS DAS METODOLOGIAS ATIVAS NO ENSINO DE QUÍMICA PELO PROGRAMA DE RESIDÊNCIA

PEDAGÓGICA. Revista Seminário de Visu, Petrolina, v. 8, n. 2, p. 431-449, jan. 2020.

PASSOS, Blanchard Silva et al. MAPAS CONCEITUAIS: UMA PROPOSTA DE INTERVENÇÃO NO ENSINO DE QUÍMICA COM ALUNOS DA 2ª SÉRIE DO ENSINO MÉDIO. Conexões - Ciência e Tecnologia, [S.l.], v. 17, p. e022007, apr. 2023. ISSN 2176-0144.

PEREIRA, Walysson Gomes; NASCIMENTO, Rogério José Melo; NASCIMENTO, Tássio Lessa do. USO DA METODOLOGIA ATIVA INSTRUÇÃO POR PARES ASSISTIDA PELO APLICATIVO PLICKERS: uma experiência no ensino de química. Conexões - Ciência e Tecnologia, [S.L.], v. 15, p. 021018, 9 ago. 2021. IFCE.

SCHNETZLER, Roseli Pacheco; ANTUNES-SOUZA, Thiago. PROPOSIÇÕES DIDÁTICAS PARA O FORMADOR QUÍMICO: A IMPORTÂNCIA DO TRIPLETE QUÍMICO, DA LINGUAGEM E DA EXPERIMENTAÇÃO INVESTIGATIVA NA FORMAÇÃO DOCENTE EM QUÍMICA. Química Nova, v. 42, n. 8, p. 947–954, ago. 2019.

VILAS BOAS, Terezinha de Jesus Reis; KALHIL, Josefina Barrera; COELHO FILHO, Mateus de Souza; COSTA, Rubia Darivanda da Silva. O ESTADO DA ARTE DE METODOLOGIAS DA PRODUÇÃO CIENTÍFICA SOBRE A FORMAÇÃO DO PROFESSOR DO ENSINO DE CIÊNCIAS COM ENFOQUE CTS. REAMEC - Rede Amazônica de Educação em Ciências e Matemática, [S.l.], v. 6, n. 1, p. 65-86, 2018.

PÓSFÁCIO

É nobre a missão de apresentar esta obra aos leitores e leitoras do Livro Ensino de Química, que faz parte de um conjunto de obras desenvolvidas por estudantes e docentes da Rede Nordeste de Ensino - RENOEN.

Falar do Ensino de Química é falar de um desafio constante. A Química, ciência que traduz a própria vida, é encantadora e ao mesmo tempo tida como "temerosa" pelos estudantes, romper esse paradigma é luta cotidiana de professores e professoras dedicadas nesse país.

Gosto de falar que conhecer a Química é como abrir uma nova visão, enxergar átomos e moléculas por todos os lados é magia que só bons professores fazem acontecer. É talento que nos remete até aos antigos alquimistas, que nos iniciaram em um passado distante nessa ciência. Como diz o poeta Jorge Ben Jor "eles são discretos e silenciosos, moram bem longe dos homens, escolhem com carinho a hora e o tempo do seu precioso trabalho".

Em uma visão menos poética, o Ensino de Química se dá em sua maioria em condições de laboratórios precários ou inexistentes, salas lotadas e estudantes como uma diversidade de questões pessoais e sociais que perpassam cotidianamente a escola, o que nos faz buscar metodologias aplicáveis a condições diversas de ensino.

As perguntas que se fazem acerca dessas adaptações, de inovações, o levantamento de hipóteses sobre o impacto de questões que vão desde o adoecimento mental à educação em tempos de inteligência artificial, a necessidade de análise e avaliação nos fazem despertar também para a pesquisa no contexto do ensino de química. A pós-graduação surge como um celeiro de possibilidades para aprofundamento dessas pesquisas.

O docente-pesquisador e o pesquisador-docente têm a capacidade de mudar a realidade, trazendo a pesquisa para o chão da escola e levando a escola para a academia. A Rede Nordeste de Ensino – RENOEN tem um papel fundamental na formação continuada de professores, permitindo a partilha de conhecimentos que unem a prática e pesquisa na área do ensino. O IFCE traz em seu primeiro curso de doutorado a contribuição científica de uma instituição que há mais de cem anos trabalha com formação básica profissional e que agora possibilita a formação verticalizada, do técnico ao doutorado. É um laboratório vivo, que permite acima de tudo, troca viva de conhecimentos.

Essa obra certamente nos auxiliará a identificar as mudanças nos processos educacionais que envolvem o Ensino de Química, desde as questões metodológicas, adaptações curriculares, processos de inclusão educacional, e da práxis docente. Sigamos fazendo a magia acontecer, mudar visões de mundo através da Química, com poesia, ciência e prática. Boa leitura!

Joelia Marques de Carvalho
Pró-Reitora de Pesquisa, Pós-graduação e Inovação do IFCE
Coordenadora do Fórum de Pró-Reitores de Pesquisa, Pós-graduação e Inovação da
Rede Federal de Educação Profissional e Tecnológica – FORPOG

OS AUTORES

ÁLAMO LOURENÇO DE SOUZA

Mestrando em Química na área de Polímeros pela Universidade Federal do Ceará (UFC). Graduado em Licenciatura em Química pelo Instituto Federal do Ceará (IFCE).

ALBINO OLIVEIRA NUNES

Doutor em Química (UFRN). Mestre em Ensino de Ciências Naturais e Matemática (UFRN). Professor do Instituto Federal de Educação, Ciência e Tecnologia do Estado do Rio Grande do Norte (IFRN). Docente permanente do Doutorado em Ensino (Rede Nordeste - RENOEN) - Polo IFRN.

ALEXANDRE FÁBIO E SILVA DE ARAÚJO

Doutorando em Ensino pelo Programa Rede Nordeste de Ensino (RENOEN) no polo Instituto Federal de Educação, Ciência e Tecnologia do Estado do Ceará (IFCE). Professor Efetivo da Secretaria de Educação do Estado do Ceará (SEDUC).

ANA KARINE PORTELA VASCONCELOS

Doutora e Mestra em Engenharia Civil (Saneamento Ambiental) pela Universidade Federal do Ceará (UFC). Professora do Instituto Federal de Educação, Ciência e Tecnologia do Estado do Ceará (IFCE) *campus* Paracuru. Docente permanente do Mestrado em Ensino de Ciências e Matemática – PGECM/IFCE e do Doutorado em Ensino (Rede Nordeste – RENOEN) – Polo IFCE.

BLANCHARD SILVA PASSOS

Doutorando em Ensino pelo Programa Rede Nordeste de Ensino (RENOEN) no polo Instituto Federal de Educação, Ciência e Tecnologia do Estado do Ceará (IFCE). Mestre em Ensino de Ciências e Matemática pelo Instituto Federal do Ceará (PGECM/IFCE). Professor Efetivo da Secretaria de Educação do Estado do Ceará (SEDUC).

CAROLINE DE GOES SAMPAIO

Doutora e Mestre em Química pela Universidade Federal do Ceará (UFC). Professora do Instituto Federal de Educação, Ciência e Tecnologia do Estado do Ceará (IFCE) campus Maracanaú. Docente permanente do Mestrado em Ensino de Ciências e Matemática – PGECM/IFCE e do Doutorado em Ensino (Rede Nordeste – RENOEN) – Polo IFCE.

EDSON JOSÉ WARTHA

Doutor em Ensino de Ciência (USP). Docente da Universidade Federal de Sergipe – UFS. Docente no programa de Pós-Graduação em Ensino da Rede Nordeste de Ensino (RENOEN/UFS) e do Programa de Pós-Graduação em Ensino de Ciências e Matemática – PPGECIMA/UFS.

EDUARDO DA SILVA FIRMINO

Mestre em Ensino de Ciência e Matemática (PGECM) pelo Instituto Federal do Ceará. Licenciado em Química pelo Instituto Federal do Ceará – *Campus* Iguatu. Professor Efetivo de Química da SEECT-PB.

FELIPE ALVES SILVEIRA

Doutorando em Ensino pelo Programa Rede Nordeste de Ensino (RENOEN) no polo Instituto Federal de Educação, Ciência e Tecnologia do Estado do Ceará (IFCE). Professor Efetivo da Secretaria de Educação do Estado do Ceará (SEDUC).

FRANCISCA RAYSSA FREITAS FERREIRA

Mestranda em Ensino de Ciências e Matemática pelo Instituto Federal do Ceará (IFCE). Especialista em Ensino de Química pela Universidade Estadual do Ceará (UECE). Licenciada em Química pela Universidade Estadual do Ceará (UECE).

JOÃO GUILHERME NUNES PEREIRA

Mestre em Ensino de Ciências e Matemática pelo Instituto Federal do Ceará (IFCE). Licenciado em Química pelo Instituto Federal do Ceará (IFCE), *campus* Maracanaú.

JOYCE DE SOUSA FILGUEIRAS

Mestranda em Ensino de Ciências e Matemática pelo Instituto Federal do Ceará (IFCE). Licenciada em Química e Técnica em Petroquímica pelo Instituto Federal do Ceará (IFCE), *campus* Aracati.

KARINE ARNAUD NOBRE

Doutoranda em Ensino pelo Programa Rede Nordeste de Ensino (RENOEN) no polo Instituto Federal de Educação, Ciência e Tecnologia do Estado do Ceará (IFCE). Professora Efetiva da Secretaria de Educação do Estado do Ceará (SEDUC).

LIDIVÂNIA SILVA FREITAS MESQUITA

Doutoranda em Ensino pelo Programa Rede Nordeste de Ensino (RENOEN) no polo Instituto Federal de Educação, Ciência e Tecnologia do Estado do Ceará (IFCE). Professora Efetiva da Secretaria de Educação do Estado do Ceará (SEDUC).

VIRNA PEREIRA DE ARAÚJO

Doutoranda em Didática de Ciência e Tecnologia pela Universidade Trás os Montes e Alto Douro (UTAD - Portugal), Mestra em Ensino de Ciência e Matemática (PGECM) pelo Instituto Federal do Ceará – *Campus* Fortaleza e Licenciada em Química pelo Instituto Federal do Ceará – *Campus* Iguatu.

Impresso na Prime Graph
em papel offset 75 g/m^2
fonte utilizada adobe caslon pro
fevereiro / 2024